乡镇旅馆建筑设计

吉燕宁　罗　健　杜　欢　编著

中国建筑工业出版社

图书在版编目（CIP）数据

乡镇旅馆建筑设计 / 吉燕宁，罗健，杜欢编著. —
北京 ：中国建筑工业出版社，2023.12
ISBN 978-7-112-29400-8

Ⅰ. ①乡… Ⅱ. ①吉… ②罗… ③杜… Ⅲ. ①乡村—
旅馆—建筑设计 Ⅳ. ①TU247.4

中国国家版本馆 CIP 数据核字(2023)第 241090 号

责任编辑：费海玲　张幼平
责任校对：刘梦然
校对整理：张辰双

乡镇旅馆建筑设计
吉燕宁　罗　健　杜　欢　编著
*
中国建筑工业出版社出版、发行（北京海淀三里河路 9 号）
各地新华书店、建筑书店经销
北京红光制版公司制版
河北鹏润印刷有限公司印刷
*
开本：787 毫米×1092 毫米　1/16　印张：11¾　字数：281 千字
2024 年 1 月第一版　　2024 年 1 月第一次印刷
定价：**58.00** 元

ISBN 978-7-112-29400-8
（42106）

“建筑类专业设计指导”系列
编　委　会

编委会主任：吉燕宁

编委会副主任：罗　健

编委会顾问：麻洪旭　葛述苹　许德丽　张宇翔

委　　　员：马凤才　傅柏权　郝燕泥　钟　鑫　林瑞雪
蔡可心　杜　欢　姜　岩　王　丹　温景文

《乡镇旅馆建筑设计》

主　　　编：吉燕宁　罗　健　杜　欢

副　主　编：孙佳宁　张　娜　尤　佳　谢晓琳　朱　林
葛述苹　张宇翔

参编人员：吕　晶　白　静　尤美苹　石椿晖　于业龙
程　佳　李　牧　袁　媛　韦　玮　鞠采坪
幸　芳

前　言

在我国高等教育事业呈现出可持续发展的当下，社会对高校教学人才培养的要求更多。尤其是在当前高校教育积极改革的趋势下，对建筑学专业设计类课程教学工作提出了更多更高的要求。高校承担着人才培养和人才输出的责任，想要源源不断为社会输出高质量人才，就应该做好建筑学专业设计类课程教学创新改革，展现出高校教育的创新性和先进性。本书将针对建筑学专业设计类课程——乡镇旅馆建筑设计教学相关内容进行详细分析。

近几年，“乡村振兴”的提出，让乡镇旅馆建筑如雨后春笋般蓬勃而出。高校课程设计也应顺应时代发展的需求，实时跟进，不断创新。本书是为应用型高校建筑学专业乡镇旅馆建筑设计课程教学需要而编写。

关于建筑设计课教学过程，仁智所见，各有千秋，因此书中提出的一些教学模式和方法，只作为一家之说推荐给大家，同时希望读者能把不同的意见反馈给我们，以便我们借鉴、补充、修改，从而使得本书质量进一步提高。

目　　录

第一章

概念与要求：乡镇旅馆建筑设计总述

1.1 乡镇旅馆建筑概述

旅馆建筑，指供旅游者或其他临时客人住宿的营业性的房子（古代泛指供旅人住宿的房屋，近、现代专指营业性的供旅客居住的地方）。旅馆建筑的发展历史可以追溯到古代。人类文明的发展促使人类跨区域活动频繁发生，路途的遥远与古代交通的不便利，让旅居场所的产生具有必然性，因此，人类的跨区域活动是旅馆建筑产生的主要原因。人类跨区域活动的动因多样，因货物流通而出现的来往商贾、因书信往来需要而出现的信使、因文化交流或朝贡体制而出现的异国使节、因科举制度而出现的赶考书生，以及因心怀天下或图扬名立万而闯荡江湖的英雄豪杰、喜云游四方挥毫泼墨的文人骚客等，都使得客栈、驿馆等古代旅馆建筑具有较强的市场需求。

近几年，乡村振兴让乡镇旅馆建筑迎来了发展的东风。党的十九大报告指出，农业农村农民问题是关系国计民生的根本性问题，必须始终把解决好“三农”问题作为全党工作的重中之重，实施乡村振兴战略。乡村兴则国家兴，乡村衰则国家衰。我国人民日益增长的美好生活需要和不平衡不充分的发展之间的矛盾在乡村最为突出，全面建成小康社会和全面建设社会主义现代化强国，最艰巨最繁重的任务在农村，最广泛最深厚的基础在农村，最大的潜力和后劲也在农村。实施乡村振兴战略，是解决新时代我国社会主要矛盾、实现“两个一百年”奋斗目标和中华民族伟大复兴中国梦的必然要求，具有重大现实意义和深远历史意义。自此，各行各业在党中央的带领下，将目光投向广阔的乡村，开始大力实施乡村振兴战略。

党的二十大再次将乡村振兴推到新的高度。党的二十大报告指出：“全面推进乡村振兴。全面建设社会主义现代化国家，最艰巨最繁重的任务仍然在农村。坚持农业农村优先发展，坚持城乡融合发展，畅通城乡要素流动。加快建设农业强国，扎实推动乡村产业、人才、文化、生态、组织振兴。”民族要复兴，乡村必振兴，在高质量发展中全面推进乡村振兴，是实现共同富裕的关键一环。

乡村振兴包括乡村产业振兴、乡村人才振兴、乡村文化振兴、乡村生态振兴和乡村组织振兴五大方面。乡村规划建设工作具有从宏观规划设计逐步深入到微观空间营造设计的特殊属性，需要综合考虑乡村产业、乡村文化和乡村生态等方面，因此，在乡村振兴战略中，规划建设新乡村是首要任务。如何通过规划和建筑手段完成乡村产业升级、带动乡村的经济发展、改善乡村居民的物质文化生活，已经成为极具研究价值的重要课题。

产业兴旺是乡村振兴的首要任务。以往的村镇经济产业结构单一，仅靠农业种植维持农民收入，经济发展对自然气候环境的依赖较大，抗风险性较差。在乡村振兴背景下，应抓住机遇，尽快调整产业结构，乘势发展乡镇旅游经济。需要注意的是，对乡镇旅游经济的理解不应该是狭义的“农家乐”经济。这里所说的乡镇旅游经济应当是一种基于产业结构升级和产业链完善之上的综合经济，是在综合发展农业种植经济、农副产品加工经济、实践实训基地开发、农业手工业技术培训、农旅文化体验等多种产业经济基础上形成的新型农村经济形态。目前，国内已经有一些村镇在乡村农旅产业方面取得了一定的建设成果，如2021年获评“首届联合国世界旅游组织最佳旅游乡村”的浙江省安吉县余村、被评为“2021年度中国乡村振兴十大示范村镇”的浙江省衢州市柯城区沟溪乡、被评为“2021年度省级休闲农业与乡村旅游示范镇”的广州市增城区小楼镇、被誉为“乡村振兴样板村”的广东省英德市连樟村等。

乡镇拥有优美的自然生态环境、鲜明的地域文化特色、丰富的民俗文化活动、独特的传统建筑风貌，在旅游经济中具有先天优势，应当充分利用自然资源和乡镇文化优势发展生态旅游和文化旅游。乡镇旅游产业具有广阔的发展前景，将会对乡镇建设和发展起到极大的推进作用。

发展乡镇旅游经济，首先要解决“住”的问题。人的流入和驻留是乡镇经济得以发展的先决条件。有了舒适的居住环境和良好的居住体验，人们才愿意去到乡镇，配合优美的自然环境和富有特色的乡间活动，人们才愿意在乡镇停留。因此，在一定程度上，乡镇旅馆建筑不仅能够带动当地经济发展、促进当地基础设施建设，同时也能解决部分乡镇居民就业问题、促进居民增收，进而提高乡镇精神文化建设水平。除了解决现实问题之外，乡镇旅馆建筑设计在文化传承方面具有更加重要的意义。在建筑设计过程中，建筑师对当地乡村文化的研究、对传统建筑风格的延续、对当地建筑材料和建筑工艺的应用等，都能够极大程度地保留中国传统村落风貌，让各具特色的中国地域文化得以延续并持续发展，如广东省花都区七溪地芳香度假村民宿、安徽省黄山市黟县西递村民宿等。

乡镇旅馆建筑的形式，从建筑空间组合方式的角度来讲，可分为集中式和分散式两大类。

集中式乡镇旅馆主要分布在镇区、景区、村民聚居区等地。镇区的常住人口更加密集，规模体量更庞大，与城市联系更紧密，更容易吸引投资，所以在镇区易形成集中式的、规模化的住宿形式。景区游客量较大，对旅馆空间的需求量较大，集中式的旅馆建筑方便公共空间和公共设施的设置，能够最大程度为旅客提供便利。村民聚居区的建设用地通常比较紧凑，集中式建筑是比较常见的形式，对于用地较为宽裕的项目，也可以运用消解建筑体量的手法，让集中式旅馆与周围民居更好地融合在一起。集中式旅馆建筑多侧重于创造舒适的旅居环境，提供良好的服务体验，标准化、模式化特征明显，例如乡镇酒店、度假酒店、连锁酒店等，其受众一般为本土居民和外来游客。

分散式乡镇旅馆，由于空间组织灵活多变，可以适应不同的地形环境，常在景区、度假村、自然环境优美的乡村运用，其在经营形式上大致可分为个体化和品牌化两种。个体化旅馆涵盖范围比较宽泛，有低端产品，如将自家闲置房屋或房间短期出租的家庭旅馆，也有高端产品，如邀请专业团队精心设计，打造小众独立品牌，独立经营的精品民宿。品牌化旅馆则指由民宿品牌公司投资经营的、由专业设计团队打造的连锁民宿酒店。随着民宿行业市场监管制度逐渐规范化，民宿产品质量和服务质量参差不齐的现象正在逐步改善，乡村民宿也正在向专业化的方向发展，正在与乡镇产业深度融合。乡村自然环境优美，村落依地形地貌自然生长，分布零散，建筑布局自由，同时，乡村民俗文化丰富，地域特征明显，分散式旅馆易于体现乡村地形地貌特征，与景观环境深度融合，居住体验更加新奇，也易于创造出融合文化、自然、民俗等体验活动的空间，例如四川光和云朵树屋民宿、桂林乐贝度假民宿等。

在乡镇旅馆建筑设计中，采用集中式还是分散式，要视具体的项目条件而定，需要综合考虑用地规模、周边环境、建筑规模、功能要求等多方面因素。

1.2 乡镇旅馆建筑的发展历程

1.2.1 乡镇旅馆建筑的历史与现状

1. 国外乡镇旅馆建筑发展历史与现状

国外乡镇旅馆建筑的发展与其特有的社会背景息息相关。工业革命促进了城市的发展，也带来了人口的迁移，大批量的人口从乡村涌入城市，工业革命后，乡村旅游开始萌芽，此时的乡村旅游多以城市居民返乡度假为主，并非现在意义上的度假旅游。1855 年法国参议院欧贝尔带领一群贵族到巴黎郊外的农村度假，向当地人学习制作鹅肝馅饼，伐木种树，挖池塘淤泥，养蜜蜂，与当地农民同吃同住。此后，乡村旅游在欧洲悄然兴起。20 世纪 50 年代，农业经济的衰落带来了农民就业不足、生活水平提高缓慢等问题，同时城市化的快速发展催生了城市居民对自然生活的向往，供给侧和需求侧同时顺应了市场需要，因此欧洲一些国家开始大力发展乡村旅游产业，鼓励农民改造闲置居舍来接待游客，达到增收的目的。此后，随着乡村旅游产业的发展，乡镇旅馆建筑也得到了充分的发展，其种类和形式也愈加多样化。

国外乡镇旅馆发展历史大致可分为四个阶段：家庭旅馆阶段、初步形成阶段、快速发展阶段、稳定提升阶段。

家庭旅馆阶段：家庭旅馆的起源与西方宗教背景和贵族文化有关。最初人们将向陌生人提供食宿和安全保障的行为视作向上帝表达虔诚的方式，并非以营利为目的。20 世纪 30 年代，英国经济大萧条时期，许多英国家庭向造访者提供住宿和早餐来增加额外收入，形成了最初的 B&B 家庭旅馆（Bed-and-Breakfast），后逐渐演变为主客交流的场所，并增加了其他活动和服务。这一时期的家庭旅馆价格低廉，设施简陋，后期条件逐渐改善，结合自然景观和风土人情，演变成一种度假模式。

初步形成阶段（20 世纪初～20 世纪 60 年代）：两次世界大战后的经济复苏促进了旅游业的发展，家庭旅馆与休闲度假、乡村旅游进一步结合，为城市居民提供了丰富的乡村生活体验活动。

快速发展阶段（20 世纪 70 年代～20 世纪末）：这一时期，乡村民宿的发展尤为突出，各国纷纷出台政策来规范迅速发展的民宿行业，行业协会也陆续成立，以法国乡村旅馆联合会最具代表性，开始注重规范化管理和质量提升，经营方式逐渐由业主自发经营向政府引导规范经营转变。

稳定提升时期（21 世纪初至今）：乡镇旅馆逐步形成了较为成熟的发展模式和产业体系，在开发和设计过程中强调地方特色，注重与多种旅游形式的结合，呈现出专业化、品牌化、多元化的发展特征。

2. 国内乡镇旅馆建筑发展历史与现状

旅者，客寄之名，羁旅之称，失其本居而寄其他方谓之旅。“山止而不动，旅馆之象，火动而不止，旅人之象。”这是《易经》中关于旅游、旅馆的记载。其后旅馆频繁地出现在我国的史籍中，在每个朝代都有蓬勃的发展。中国古代旅馆的名称有很多，如逆旅、客舍、宾馆、谒舍、旅邸、邮驿、候馆、路室、传舍、四夷馆等。

旅馆建筑的发展具有鲜明的时代特性。我国近代旅馆建筑发展大致可分为20世纪30年代以前的被动输入阶段和20世纪50年代以后的主动发展阶段。1840年鸦片战争后，帝国主义入侵，中国封建经济开始解体，外来势力和文化在中国的影响逐渐扩大。西方列强在租界内修建的旅馆建筑给我国近代旅馆建筑的发展带来了巨大影响。例如大连宾馆，前身为大和旅馆，建于1909年，1914年竣工，2001年列为全国重点文物保护单位。同其他建筑类型一样，中国旅馆建筑在被动输入的历史背景下开始向现代主义建筑发展。1949年新中国成立后，我国旅馆建筑进入了主动发展阶段。

现在，随着经济和社会的发展，交通日益便利，国际交往日益频繁，旅游业蓬勃发展，旅馆建筑也发生了深刻变化：规模逐渐扩大，由小规模旅店、招待所，到中等规模的旅馆，再到大规模的大饭店、大酒店甚至度假村；功能越发完善，由起初只满足基本的食宿功能，发展到融餐饮、健身、疗养、娱乐、商务、会议、购物等多功能于一体；服务对象细化，类型趋向多元，衍生出商务旅馆、汽车旅馆、青年旅社、快捷酒店等多种类型。

乡镇旅馆建筑的发展也具有相似的趋势。由于此前社会发展的重心偏向于城市，所以乡镇旅馆建筑的发展以跟随和模仿城市中的旅馆建筑为主，整体呈现出滞后性、粗放性、低水平化等特征。20世纪50～60年代，集中式乡镇旅馆以小型招待所为主，设施简单，多数只提供食宿，建筑外观简单，侧重于简洁实用，缺少设计；70～80年代，综合性的酒店开始出现，餐饮功能比重增加，同时也融入了部分娱乐功能，注重建筑立面设计，以彰显酒店的华丽与气派；80年代以后，改革开放带来了人民物质和文化生活水平的整体提高，旅馆建筑的类型开始增多，民宿旅馆就是其中一个分支。民宿旅馆规模相对较小，经营方式灵活，更加适应乡镇环境；在乡镇旅馆建筑的研究中，民宿是非常具有代表性的一种旅馆建筑类型，也是目前国内外关注的热点。

国内民宿的发展要晚于国外，这与我国社会发展的历史背景有关，但整体的发展起因、发展阶段以及发展趋势与国外民宿并无二致，大致可分为萌芽、起步、初步发展、整合转型四个阶段。

民宿萌芽阶段（20世纪80年代～2001年）：我国乡村民宿最早出现在20世纪80年代。当时，城市化的发展促生了逆城市化生活的心理，人们开始向往自然的田园风光和淳朴的乡间生活。乡村居民为增加收入，将自家住房改为乡村民宿，为城市游客提供食宿服务，形成了乡村民宿的雏形。这一时期的乡村民宿主要体现为“农家乐”。此类民宿多为当地居民自发分散经营，价格低廉，功能上侧重于“农家菜”餐饮体验，没有特色活动和明确主题，住宿功能比较简单，设施环境不健全。

民宿起步阶段（2002～2008年）：农家乐、客栈得到快速发展，取得了不错的社会效益，也受到了政府的关注。民宿开始注重质量，并开始向多元化发展，出现了现代意义上的民宿，莫干山民宿的开业标志着中国民宿真正形成。

民宿初步发展阶段（2009～2016 年）：人们的生活水平不断提高，对精神文化的要求也越来越高，乡村旅游业发生了从观光旅游到休闲度假旅游的转变，这对乡村旅游的体验感提出了新的要求，一系列富含当地特色的农事活动和民俗文化活动融入进来，例如水果采摘、种植体验、水产捕捞、庙会、扎染体验、制陶体验等，人们开始不断挖掘乡村的文化旅游资源，各种乡村文旅体验项目百花齐放，同时，专业设计团队的介入，让民宿逐渐成为乡村文旅项目配套的住宿场所，其个性化、多元化、地域化的特征开始逐渐显露，2015 年后迅猛发展。这一时期民宿数量大幅上涨，但质量参差不齐，整个民宿行业缺少规范性政策的引导。

民宿整合转型阶段（2017 年至今）：政府陆续出台相关政策法规。2017 年，党的十九大提出，把解决好“三农”问题作为全党工作的重中之重，实施乡村振兴战略。2018 年 12 月，文化和旅游部、国家发展改革委等 17 部门联合发布《关于促进乡村旅游可持续发展的指导意见》，指出要优化乡村旅游环境，丰富乡村旅游产品，到 2022 年，实现乡村旅游服务水平全面提升，基本形成布局合理、类型多样、特色突出的乡村旅游发展格局。民宿行业发展开始注重规范化和精品化，在整合转型的激烈震荡中，低端民宿逐渐被淘汰，中高端民宿逐渐向更加多元化的方向细分发展，也逐渐形成了一些连锁民宿品牌，民宿的经济效应开始显现。在乡村振兴的时代背景下，在国家政策的大力扶持下，乡村民宿产品的舒适度更高，配套设施更加完善，发展达到了新的高度。

1.2.2 乡镇旅馆建筑发展所面临的问题

伴随着乡村旅游的盛行，国家建设政策向乡镇倾斜，乡镇旅馆建设如火如荼，发展迅猛，但快速持续的扩张往往伴随着一系列问题的出现。建筑是一项社会性质的活动，关系到许多层面，所以乡镇旅馆建筑发展到现在，所面临的问题也是方方面面的。这些问题有的是行政管理层面的，与相关政策法规的缺失和有关部门监管不到位有关；有的是旅游产品层面的，与当地旅游资源开发以及相关产业链的形成有关；有的是规划建设层面的，与缺少整体的合理规划有关；有的是建筑设计层面的，与设计市场环境、设计行业发展水平有关。这些问题相互关联、相互影响，要解决乡镇旅馆建筑发展所面临的问题，只有与之相关的各行各业共同作用，才能逐步推进乡镇建设，最终实现乡村振兴。现将与建筑产业相关的一些问题归纳总结如下：

1. 对原有村镇风貌破坏较大，大拆大建，缺少整体规划。

建筑是人生存活动的基本场所，是一个地区生活面貌与发展现状的直观体现。大踏步前进的城市建设让中国城市丢失了中国文化，而乡村，由于发展相对缓慢滞后，留存了不少中国传统文化，对乡村面貌进行还原、改造、再生，也许是延续中国文化的路径之一。传统村落生活模式、建筑形态，都是在历史发展过程中自发形成的，具有一定的独特性。传统村落利用自然环境因地制宜建造，其植被、水体等景观要素与建筑空间完美结合，体现了“天人合一”的哲学生态观，寄寓着乡土情感，这些都应该延续。而实际上，除少部分被纳入文化保护体系的村落外，大部分村落在民宿的改造和建设过程中，其原始风貌都遭到了破坏，很多具有历史记忆的老屋被彻底拆除，而在原址新建的建筑又缺乏还原乡村风貌的意识，大拆大建中，村落的原始肌理消失，只有少数项目因为有专业的上位规划，并有多方专业力量的参与，才有了一定的文化传承。如 2012 年普利兹克奖获得者王澍所做的浙江富阳文村实验，在规划阶段，极力保留了文村疏密有致的肌理，土地被最大化利用，结果是乡村风貌被保留下来，新村仿佛是从老村子里长出来的新枝，延续了村子中的中国文化。

2. 旅游开发跟不上，建筑投入大量资金后闲置，乡镇旅游产业链不完整。

乡镇旅馆建筑依附于乡镇旅游产业存在，但在不少建设项目中，乡镇旅游产业链发展不完整不健全，导致乡镇旅馆建筑落成后，使用率和使用舒适度并不高，造成资产的浪费。首先，部分地区乡镇旅游资源开发并不完善，后续的旅游资源开发因资金、经营、管理等多种原因迟迟无法推进，导致旅游产业“烂尾”，无法持续性地维持客流，这对乡镇旅馆发展的阻碍是巨大的。其次，乡镇旅游产业对当地民俗文化内容的挖掘不够深入。当前，全国各地乡镇旅游模式雷同、旅游体验项目雷同、旅馆建筑样式雷同，无疑这种现象抹杀了我国村镇的个性，失去了不同村镇对不同地区游客的吸引力。最后，乡镇周边交通体系以及基础设施配套不健全，这是城市和乡镇最大的区别，也是乡镇经济发展迟缓的重要原因。尽快完善乡镇道路交通体系以及水暖电等基础设施，是加快发展乡镇旅游产业的有力保障。

3. 乡村民宿经营主题同质化严重，同村业主竞争大，产品不丰富也导致游客重游率低。

乡村民宿快速扩张发展的阶段，虽然带来了不小的经济效益，也推动了乡村旅游产业的进一步发展，但是快速的扩张不可避免地带来了一些问题。由于建设发展的速度飞快，所以在民宿产品的开发上显得有些急功近利，同一地区，甚至不同地区的民宿产品相差无几，在民宿主题的探索上缺少必要的调查研究，村落的资源并没有得到充分挖掘。例如，同一村落中，每家民宿都围绕餐饮和住宿，提供一些常见的娱乐项目，并无其他特色，最终导致同村民宿业主间竞争激烈甚至出现恶意竞争，但对游客的吸引力不足，重游率降低。要解决这一问题，就需要将村落民宿的经营主导权交由政府统筹，邀请专家对村落文化深入研究，对每家民宿的特色合理规划，引入不同的乡村文化体验，不同的民宿根据其地理位置、周边环境等开发主要经营特色，同村民宿主题百花齐放，提升村落在乡村旅游中的整体竞争力。

4. 乡镇旅馆产业管理机制不健全，服务标准不明确，从业人员素质水平参差不齐，建筑后期维护不到位。

近年来，随着网络信息技术的快速发展，在乡村振兴的大背景之下，乡镇旅馆产业得到了飞快的发展，同时也暴露出了一些不规范、不标准、运营维护难持续的问题。以民宿为例，起初多为农民个体经营，后来随着民宿行业的火爆，出现了连锁化的民宿品牌商。无论是个体经营民宿还是品牌化连锁民宿，都是自下而上发展起来的，整个行业缺少自上而下的管理机制与服务标准。这一点在品牌化连锁民宿上体现得并不明显，因为民宿企业内部有自己独立的管理规范，服务标准相对明确，对服务人员的培训也相对正规。但个体经营在民宿产业中占比相当大，缺少统一管理机制与服务标准的影响就非常明显，民宿业主能提供何种程度的服务，完全取决于经营者自身的观念与素质。所以可以看到：有的民宿干净整洁、装修考究、服务体贴，有的却连居住卫生和食品安全都无法保证。这种现象不仅不利于乡村民宿行业的整体发展，也会导致大量个体经营者被市场淘汰。

在乡镇旅馆建筑中，一些旅馆类型以其独特的旅居体验，让建筑产品本身也成了吸引游客的重要因素，例如乡村度假酒店、乡村民宿等。近年来，民宿经济呈现快速发展的良好态势，产业发展的外部环境不断优化，投资开发的热情不断高涨。中国民宿发展形势一片大好的背后，也存在诸多问题，如同质化严重、产品和服务滞后、经营管理粗放等。为深入贯彻落实“绿水青山就是金山银山”的发展理念，有必要制定乡村民宿国家标准。2016 年 11 月 22 日，国家标准计划《乡村民宿服务质量规范》（计划编号：20161933-T-424）下达。2020 年，国家市场监督管理总局和国家标准化管理委员会共同发布并实施《乡村民宿服务质量规范》GB/T 39000—2020，该标准规定了乡村民宿的术语和定义、基本要求、设施设备、安全管理、环境卫生、服务要求、持续改进等内容。

根据国家标准，目前很多省市都制定了自己的民宿服务规范，如哈尔滨市场监督管理局于 2019 年发布并实施的《民宿服务规范》DB 2301/T 55—2019、广东省市场监督管理局于 2020 年发布并实施的地方标准《乡村振兴民宿服务规范》DB 44/T 2248—2020、广西壮族自治区市场监督管理局于 2020 年发布并实施的地方标准《民宿卫生规范》DB 45/T 2068—2019 等。但在发展滞后的乡村，要达到服务规范还存在一定困难，这就需要进一步制定各村域的标准，做好市场监督管理，打通民宿行业管理的“最后一公里”。

1.2.3 乡镇旅馆建筑的发展趋势

在乡村振兴的国家方针指导下，在乡村旅游产业高速发展的进程中，根据乡镇旅馆建筑在发展中所面临的问题，总结其未来发展趋势如下：

1. 主题定位清晰化

根据各地区特色，开发多样化的乡镇旅馆主题，使得每个项目都有清晰的定位，避免主题同质化。

具体的思路可以归纳为：先确定建筑的地理位置，分析当地的自然旅游资源与人文旅游资源，将旅馆定位为农园旅游主题、海滨旅游主题、温泉旅游主题、传统建筑旅游主题等，再根据具体的旅游活动，将民宿项目进一步确定为农事体验型、渔业体验型、民俗文化型、自然游览等。如本书第三章中介绍的集中式乡镇旅馆建筑设计教学过程解析案例——沈阳市沈北新区单家村稻梦小镇旅馆建筑设计，建设用地位于沈阳市沈北新区单家村稻梦空间，当地以发展休闲农业为主，有丰富的稻田景观。因此在设计前期，可以考虑将项目定位为稻田景观旅游主题，再根据稻田种植文化、特点等开展下一步设计，设计过程中重点考虑建筑与稻田文化、稻田景观的结合。再如第三章中介绍的分散式乡镇旅馆建筑设计教学过程解析案例——乡村度假民宿酒店设计，建设用地位于吉林省白山市抚松县抽水乡碱场村前甸子屯、吉林省抚松国家地质公园内，地段邻近湖边，风景优美，景区内人文景观丰富。因此在设计前期，可以考虑将民宿项目定位为山水风光游览主题，再依据地形地貌特征开展下一步设计，设计过程中重点考虑建筑与当地自然山水景观的结合。

2. 体验活动丰富化

在定位明确的前提下，进一步注重旅馆的休闲体验，以丰富游客体验感为出发点，开发适合当地环境与文化的体验活动，以此来提高乡镇旅游的吸引力，保证乡镇旅游的活力持续不断。例如，农事体验型民宿可以开发水果采摘体验、农耕种植体验、酿酒体验、农产品加工体验等多种体验活动；渔业体验型民宿可以开发水产捕捞体验、水产烹饪体验等活动；民俗文化型民宿可以开发庙会集会体验、瓷器制作体验、剪纸技艺体验等活动。建筑可以与特定的体验活动结合，在功能设置、建筑组合形式、建筑造型上予以体现。再如，自然游览型可以设计观景平台、水上栈道等赏景设施，也可以通过借景入园、对景、造景等手法，使建筑与特定景观结合来展现自然景观之美。

体验活动不是一成不变的，更不是千篇一律的，需要根据村镇产业特色、历史文化特色、民俗文化特色等不断深入挖掘，并将其与旅馆建筑设计结合，营造出独特的旅居体验。

3. 建筑风格地域化

乡镇旅馆建筑应凸显地域化风格和乡土化特征。在建筑外部造型设计和内部装修设计上，除了要考虑地理自然环境要素外，还要考虑历史文化要素与建造技术要素。自然环境方面，要结合建筑所在地域的自然环境特征，采用适应当地气候环境、地貌特征的建筑形式和构造技术。例如位于宁夏的元白·中卫民宿，建筑设计风格符合我国西北地区的地域特征。又如沈阳市沈北新区单家村稻梦小镇旅馆建筑设计，因为当地有锡伯族文化历史，因此在设计构思阶段就从锡伯族文化或锡伯族传统建筑特征入手；建造技术方面，尽量选用当地自然材料与建筑工艺。

4. 旅居环境舒适化

旅居环境的舒适，不仅体现在建筑外环境设计方面，还要在室内、设施、运营、服务等方面尽可能地舒适便捷，为旅客提供良好的旅居体验。室内设计方面，尽量采用亲人的饰面材质、和谐的色彩搭配、柔和的灯光设计、良好的隔声环境，同时考虑旅居空间的景观朝向；配套设施方面，室内设备结合物联网全屋智能科技，进一步向现代化、智能化发展，室内陈设采用现代化的、具有设计感的家具，做到设施齐全、舒适便利，且与整体风格协调一致；运营管理方面，采用更加先进智能的入住管理系统，方便旅客入住与退房等手续的办理，也可以通过系统选择所需的客房服务；服务质量方面，设置旅馆服务人员的服务标准，建立岗前培训制度与上岗后的定期培训制度，整体提高服务人员的业务能力与素质水平，为旅客提供优质的服务。

1.3 乡镇旅馆建筑设计总论

1.3.1 乡镇旅馆建筑的定义与分类

1. 乡镇旅馆建筑的定义

《建筑设计资料集》第三版第5分册中对“旅馆”的定义如下：“旅馆是为客人提供一定时间住宿和服务的公共建筑或场所，按不同习惯也常称其为酒店、宾馆、饭店、度假村等。”乡镇旅馆建筑，顾名思义，是建造地点选取在乡镇的旅馆建筑，它是旅馆建筑按照建造地点分类而产生的一个分支。与城市旅馆相比，除建造地点和建设规模上的差别之外，因乡镇社会经济发展进程相对滞后于城市，其自然环境和文化特征保留相对完整，具有区别于城市的自然环境和地方特色，所以，乡镇旅馆建筑对于自然环境、地域特征、人文历史、村镇肌理等的呼应较为突出，也非常必要。

乡镇旅馆建筑因地处村镇，受人口规模和经济水平限制，进而考虑到经营成本问题，规模通常不会很大。《建筑设计资料集》第三版第 5 分册中，将客房数量小于 200 间的旅馆划分为小型旅馆，该数值可作参考，但并不能完全以此来定义乡镇旅馆建筑的规模。不同地区乡镇旅馆客房数量的多少，还取决于当地旅游资源的丰富程度、人口的流动程度、旅馆的经营定位等多种因素。通常来说，200 间客房数量的旅馆在乡镇地区已算是规模较大的旅馆建筑。

乡镇民宿的规模则更小。文化和旅游部于 2019 年发布的旅游行业标准《旅游民宿基本要求与评价》LB/T 065—2019 将旅游民宿定义为“利用当地民居等相关闲置资源，经营用客房不超过 4 层、建筑面积不超过 800m^2，主人参与接待，为游客提供体验当地自然、文化与生产生活方式的小型住宿设施”。在我国许多地区现行的《民宿旅游管理暂行办法》中规定：民宿单幢建筑的客房数量不超过 14 间，经营用客房不超过 4 层，建筑总面积不超过 800m^2。由此可见，乡镇民宿与乡镇旅馆建筑在规模上有一定的区别。

2. 乡镇旅馆建筑的分类

《建筑设计资料集》第三版第 5 分册中，将旅馆建筑按建造地点、功能定位、经营模式、建筑形态、设施标准等进行了不同分类（表 1.3.1）

分类依据 **表 1.3.1**

分类依据	类型名称
建造地点	城市旅馆、郊区旅馆、机场旅馆、车站旅馆、风景区旅馆、乡村旅馆等
功能定位	商务旅馆、会议旅馆、旅游旅馆、国宾馆、度假旅馆、疗养旅馆、博彩旅馆、城市综合体旅馆等
经营模式	综合性旅馆、连锁旅馆、汽车旅馆、青年旅舍、公寓式旅馆、快捷酒店等
建筑形态	高层（塔式、板式等）、多低层旅馆、分散式度假旅馆等
主题特色	温泉旅馆、主题旅馆、精品旅馆、时尚旅馆等
设施标准	超经济型旅馆、经济型旅馆、普通型旅馆、豪华型旅馆、超豪华型旅馆等
星级标准	一星级、二星级、三星级、四星级、五星级和白金五星级等

乡镇旅馆的分类可以参照这一标准细分。

以建造地点为依据分类，乡镇旅馆可细分为镇区旅馆、乡镇风景区民宿旅馆、乡村民宿等。镇区旅馆的主要服务对象为镇区往来旅客，以快捷酒店、小型连锁旅馆等类型最为常见，主要满足旅客探访、商务出行等住宿需求，此类旅馆建筑往往功能性大于文化性。乡镇风景区民宿旅馆，是指依附于当地主要旅游风景区而建的旅馆，为景区游客提供便利的住宿设施，位于风景区内的民宿旅馆通常会考虑客房的景观朝向，为游客提供最佳的观景体验，营造身临其境的住宿氛围。乡村民宿，通常由乡村闲置民房改造而成，以乡村独有的田园风光吸引城市游客前来游玩，让他们远离城市喧嚣，拥抱静谧的田园生活，体验“采菊东篱下，悠然见南山”的归隐乐趣。

按主题特色分类，可分为赏景度假型民宿旅馆、古镇游玩型民宿旅馆、温泉康养型民宿旅馆、农事体验型民宿旅馆等。赏景度假型民宿旅馆，通常选址于景色优美地区，游客以赏景度假为主要休闲方式，根据风景特征设置不同的观景客房，如海景客房、林景客房、雪景客房等。古镇游玩型民宿旅馆，通常选址于特色古镇之中，旅馆建筑与古镇浑然一体，旅客游走其间，可在古香古色之间，沉浸式体验中国传统建筑之美。温泉康养型民宿旅馆，通常选址于温泉资源丰富地区，以休闲和养生为主题定位，是家庭短途旅行的绝佳选择，旅客在此可以享受温泉度假、健康疗养、亲子戏水等体验。农事体验型民宿旅馆，通常与当地农业特色相结合，通过采摘、捕捞、种植、烹饪等活动形式，吸引城市旅客体验乡村生活。随着旅游业的精细化发展，主题定位的重要性也愈发凸显，对游客来说，主题特色鲜明的旅馆往往更具吸引力，因此结合当地特色寻找旅馆建筑的主题是十分必要的。

此外，还可以按照其他分类依据进行分类。如按建筑形态分类，可分为集中式和分散式；按功能定位分类，常见的有度假旅馆、疗养旅馆等；按经营模式分类，常见的类型有快捷酒店、连锁旅馆、乡村民宿等（表 1.3.2）。

乡镇旅馆分类、常见类型及主要特点　　表 1.3.2

分类依据	类型名称	主要特点
建造地点	镇区旅馆	主要服务对象为镇区往来旅客，以快捷酒店、小型连锁旅馆等类型最为常见，主要满足旅客探访、商务出行等住宿需求，此类旅馆建筑往往功能性大于文化性
	乡镇风景区民宿旅馆	指依附于当地主要旅游风景区而建的旅馆，为景区游客提供便利的住宿设施。位于风景区内的民宿旅馆通常会考虑客房的景观朝向，为游客提供最佳的观景体验，营造身临其境的住宿氛围
	乡村民宿	通常由乡村闲置民房改造而成，以乡村独有的田园风光吸引城市游客前来游玩
主题特色	赏景度假型民宿旅馆	通常选址于景色优美地区，游客以赏景度假为主要休闲方式。根据风景特征设置不同的观景客房，如海景客房、林景客房、雪景客房等
	古镇游玩型民宿旅馆	通常选址于特色古镇之中，旅馆建筑与古镇浑然一体，旅客游走其间，可在古香古色之间，沉浸式体验中国传统建筑之美
	温泉康养型民宿旅馆	通常选址于温泉资源丰富地区，以休闲和养生为主题定位，是家庭短途旅行的绝佳选择，旅客在此可以享受温泉度假、健康疗养、亲子戏水等体验
	农事体验型民宿旅馆	通常与当地农业特色相结合，通过采摘、捕捞、种植、烹饪等活动形式，吸引城市旅客体验乡村生活
建筑形态	集中式	主要分布在镇区、景区、村民聚居区等地，与旅馆客房需求量、公共设施需求量、用地规模等因素有关
	分散式	空间组织灵活多变，可以适应不同的地形环境，常在景区、度假村、自然环境优美的乡村运用这种布局方式，形式上更加自由多样

1.3.2 乡镇旅馆建筑的设计原则

乡镇旅馆建筑设计，空间流线上要满足旅馆建筑设计的基本原则，风格上要体现地域性及乡土性原则，技术上要体现绿色节能环保原则。

1. 旅馆建筑设计基本原则

（1）基地选址。乡镇旅馆建筑选址应遵循交通便利和环境优美的原则。乡镇旅馆的建造地点无论是镇区、风景区还是乡村，都应选址于交通相对便利之处，一方面便于旅客到达，另一方面便于旅客由此出发去往周边游玩。此外，乡镇旅馆建筑还应选址于环境优美之地，为旅客提供最佳的景观环境，营造舒适自然的氛围，基地四周应避免有噪声干扰和环境污染源。

（2）规模确定。根据乡镇旅馆的功能定位、市场分析和建设要求，确定合理的客房规模与等级标准，并据此确定公共用房和辅助用房等相关内容和规模。旅馆类建筑各功能空间及设备设施的配置差别很大，受建筑等级、类型、规模、服务特点、经营管理要求以及当地气候、旅馆周边环境和相关设施情况等众多因素影响，需视实际情况和需求来配置。

（3）建筑布局。乡镇旅馆建筑布局应遵循功能分区明确、联系方便、互不干扰的原则，保证客房和公共用房具有良好的居住和活动环境。乡镇旅馆建筑主要由客房部分、公共部分和后勤部分组成，这三部分功能要求各不相同，对建筑空间的要求也不同。如公共部分及后勤部分辅助用房的设备设施往往会对客房产生强噪声或振动等不利影响，因此为了保证各部分空间使用的舒适性，应尽量分区明确，而且要保障各功能分区间既联系又独立。

（4）流线组织。乡镇旅馆建筑设计要合理组织人流、车流和物流。人流要考虑旅客流线和员工流线的分流，避免不同人群的流线混杂在一起。车流要考虑旅客车流（散客和团体）、员工车流和货物车流，各类车流应严格划分路径和停车场地，特别是客流和物流的分流。后勤部分的出入口和货车出入口应单独设置。

（5）设备用房。乡镇旅馆建筑要避免设备用房对客房产生不良影响，如锅炉房、制冷机房、冷却塔等设在客房楼内时，应采取有效的防火、隔声、减振、防爆（锅炉房）等措施。客房是旅馆类建筑最重要的功能，是为旅馆内客人提供住宿的空间，首先需要保障安静的休息环境。锅炉房、制冷机房、水泵房、冷却塔等旅馆建筑的附属设施是噪声和振动的主要来源，所以要采取相应措施，避免干扰客房。

（6）安全设计。安全设计是旅馆设计与管理的最重要方面，除应符合现行《旅馆建筑设计规范》JGJ 62—2014 外，还应符合现行国家标准《建筑防火设计规范》GB 50016—2014（2018 年版）、《建筑内部装修设计防火规范》GB 50222—2017、《汽车库、修车库、停车场设计防火规范》GB 50067—2014 的有关规定。

（7）无障碍设计。为满足伤残人士、老年人和妇女儿童的特殊使用要求，方便他们参与各类社会活动，乡镇旅馆建筑应进行无障碍设计，并应符合现行《无障碍设计规范》GB 50763—2012 的规定。

2. 地域性及乡土性原则

（1）地域性。乡镇旅馆的建设应当与地方产业发展相融合，结合农业、养殖业、渔业、手工业等生产活动，打造不同地域主题的乡村文旅产品。在选址时除考虑自然景观外，也要考虑人文景观及地域特色等要素，无论是乡村、山地、渔村、温泉或是人文景观区，不同的选址使得民宿最终呈现出的风格也不同。

（2）乡土性。乡土建筑可以理解为以乡村环境为背景，土生土长形成于其中的建筑，是基于某地域的气候、环境、文化风俗等要素不断演化而成的人类文明的结晶，能够适应当地的环境，与大自然和谐共处。乡镇旅馆建筑的乡土性在于，利用既有乡土建筑进行改造设计，利用乡土建造技术和乡土建筑材料进行房屋建造等。

3. 节能环保及绿色生态原则

（1）节能环保。乡镇旅馆建筑应遵循节能环保的设计原则，进行建筑节能设计，并应符合《公共建筑节能设计标准》GB 50189—2015 和《民用建筑热工设计规范》GB 50176—2016 的规定，创建绿色环保型旅馆。我国幅员辽阔，各地气候差异很大，为了贯彻国家节能、保护环境的基本国策，很多省市在国家现行标准《公共建筑节能设计标准》GB 50189—2015 的基础上，根据各自地区的气候特点和具体情况，制定了各自的地方标准，具体设计应注意同时满足地方规范。

（2）绿色生态。在建造技术上，要融入“低技低碳”绿色生态建筑理念。所谓的“低技”就是人们容易掌握的传统的技术手段和方式，有朴素、简化、返璞归真的意味。生态建筑的本质是让建筑成为生态系统的组成部分，最大限度减小环境影响，这同样是生态低技术的本质：提炼传统技术中至今仍适用的并能融入现代建筑的建筑技术，多采用当地的自然资源、可循环材料。我国传统建筑中存在着许多生态低技术，比如西北窑洞、重庆吊脚楼、干栏式建筑等，这些都是历代人民因地制宜的居住智慧。

1.3.3　乡镇旅馆建筑的功能构成

1. 乡镇旅馆建筑的功能布局

虽然不同的乡镇旅馆建筑在类型和规模上存在差异，但其内部功能组成大致相似。按照功能特征，通常可以将旅馆建筑划分为客房空间、公共空间和后勤空间三大部分。

客房空间是乡镇旅馆建筑的主体空间，也是旅馆的主要营利空间，它为旅客提供短期住宿的功能，是住宿旅客的主要驻留空间。住宿环境的舒适与条件设施的便利是客房设计首要考虑的问题，客房的品质与住宿价格直接相关。公共空间是为提高客房空间的盈利水平而设置的配套空间，同时公共空间内的部分功能也能为旅馆带来一定的收益，如餐饮功能、会议功能、娱乐功能、康养功能、零售功能等。乡镇旅馆建筑因其规模较小，公共空间的功能相对简单。公共空间的功能可同时对住宿旅客和非住宿旅客开放。后勤空间的使用主体为旅馆内部工作人员，为客房空间和公共空间提供后勤保障，保证旅馆的运营维护工作有序进行，主要功能有行政办公、厨房、员工休息、仓储库房、设备用房等。这三大功能空间，要遵循分区明确、既联系又独立的设计原则，以保证不同类型的功能空间在使用上既互不干扰又联系密切（图 1.3.1）。

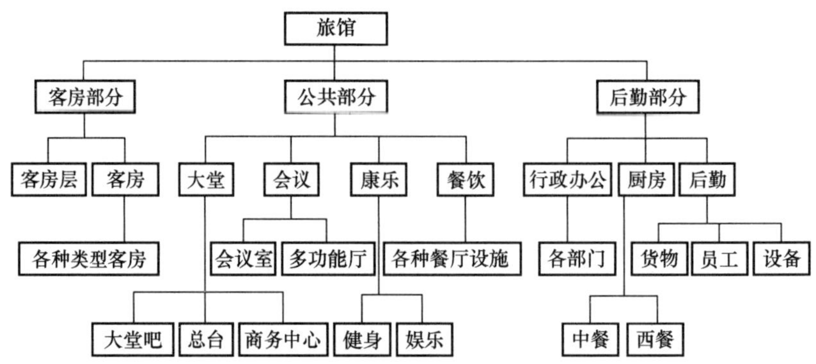

图 1.3.1　旅馆功能构成体系图
（参考：《建筑设计资料集（第三版）》第 5 分册）

（1）分区明确原则

在考虑旅馆建筑功能分区的时候，要考虑各功能空间在使用主体上的区别，不同的使用主体代表着不同的流线，因此，不同功能的合理分区与不同流线的合理组织是密切相关的，我们可以从使用主体和流线组织的角度来分析旅馆内部的功能构成（图 1.3.2）。

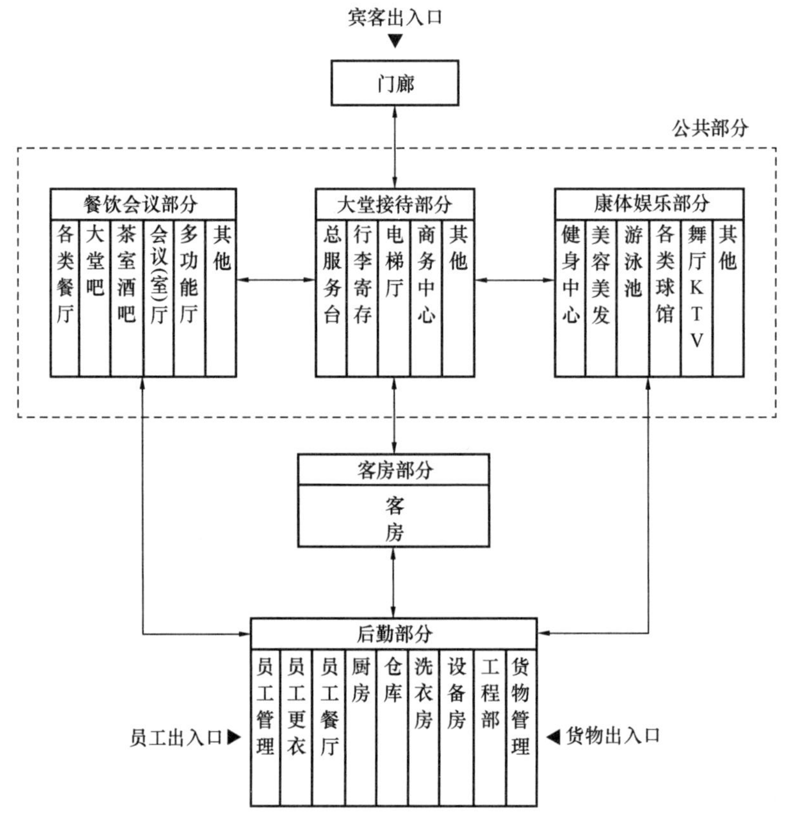

图 1.3.2　旅馆功能与流线构成关系图
（参考：《建筑设计资料集（第三版）》第 5 分册）

使用主体分为旅客和工作人员两大类。

旅客的主要活动区域为公共空间和客房空间，这部分功能也可称为宾客区或前台部分，是为旅客提供直接服务、供其使用和活动的区域。工作人员的主要活动区域为后勤空间，这部分功能也可称为后勤区或后台部分，是为宾客区和整个旅馆正常工作提供保障的部分（表 1.3.3、表 1.3.4）。

旅馆宾客区域功能构成表　　表 1.3.3

宾客区域（前台部分）					
接待	住宿	会议	餐饮	康体娱乐	其他
门廊 大堂 总台 电梯厅 商务中心	客房	会议室 展览厅 多功能厅	餐厅 酒吧 咖啡厅 宴会厅	健身房 游泳池 各类球场 棋牌室 舞厅 KTV	各类商店 配套服务 庭院

旅馆后勤区域功能构成表　　表 1.3.4

后勤区域（后台部分）			
办公管理	设备机房	员工用房	后勤服务
行政办公 财务 采购	锅炉、变配电 供暖、通风、空调 给排水、燃（油）气 电梯、消防 总机、电信 监控、智能	员工更衣 员工餐厅 员工培训 员工宿舍	厨房 洗衣布草 货运物流 仓库

① 空间的主与次

根据空间的主与次，在总平面图上进行初步的功能分区。对于旅馆建筑来说，旅客的活动和需要是主体，旅客主要活动的公共空间和客房空间，属于旅馆的主要空间，应围绕这部分功能和要求来展开各功能区的规划和设计。在区域位置的划分和布局上，优先将主要空间布置在靠近场地主入口的位置、景观朝向较好的位置、采光通风较好的位置等。工作人员主要活动的后勤空间，属于旅馆的次要空间，总体布局时，应将其布置在场地中环境条件相对较差的位置。

② 空间的开放性与私密性

从空间开放性与私密性的角度来说，公共空间的服务对象包括住宿旅客和非住宿旅客两类，空间的公共性和开放性较强，因此公共空间通常与旅馆主要出入口处的大堂接待部分相连；客房空间的服务对象为住宿旅客，这部分空间对私密性要求较高，通常设置在远离主要出入口的位置。

③ 空间的动与静

空间的动与静具有相对性。公共空间整体来说，具有较高的人员流动性，相对客房空间来说属于动区，但就具体的功能房间来说，仍然有进一步的动静区分。例如，健身中心、球馆、餐厅等功能属于动区，相对来说噪声较大；茶室、会议室等功能属于静区，相对来说噪声较小。在进行功能分区时，无论是大的功能分区还是小的功能分区，都要尽可能地遵循动静分区的原则。

（2）既联系又独立原则

在遵循功能分区明确原则的基础上，旅馆建筑功能布局还要遵循既联系又独立的原则；通过流线的合理组织串联各功能区，构成旅馆建筑完整的功能布局和流畅的运营体系。

旅客流线集中在公共空间和客房空间，员工流线主要集中在后勤空间，但后者同时需要贯穿公共空间和客房空间，以保证可以服务于旅馆各部分。因此，平面功能布局要保证各条流线的便捷与流畅，要做到各功能空间的相互联系；为了保证各功能房间在使用过程中互不干扰，还要做到各功能空间使用的独立性。

2. 乡镇旅馆建筑的功能组合

建筑的功能组合方式决定了建筑的总体形态布局。旅馆各功能部分的组合方式可分为集中式和分散式两种。

（1）集中式功能组合

在用地较为紧凑的情况下，旅馆建筑设计通常采用集中式功能组合，通过竖向叠加的组合方式，充分利用垂直空间分配各功能区域。通常将公共空间和后勤空间布置在建筑底层，然后向上叠加客房空间。这种垂直功能组合方式，能够建立各功能区域之间的有机联系，最大程度地避免旅客流线与员工流线的交叉。

（2）分散式功能组合

在用地较为宽松的情况下，尤其是地处风景旅游区的乡镇旅馆，通常采用分散式庭院组合的方式（图 1.3.3）。由多个设置不同功能的低（多）层建筑，通过庭院、连廊、步道、平台等形式有机连接，结合总平面功能布局的基本原则，形成平面水平展开布置的总体布局。在总平面设计中，要注意尽量集中相同功能的区域，构成一个功能块。

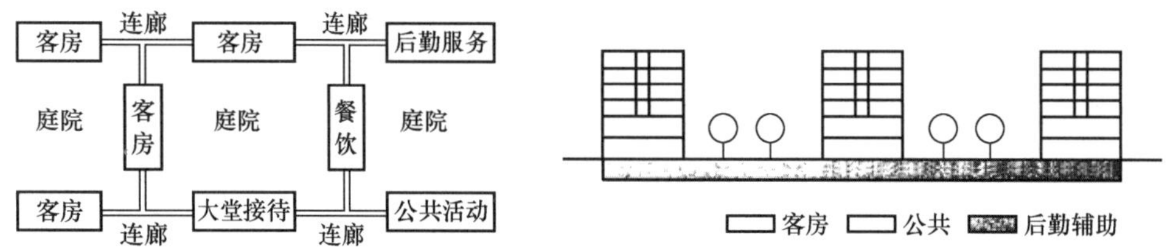

图 1.3.3 分散式庭院组合（参考：《建筑设计资料集（第三版）》第 5 分册）

位于自然环境中的度假类民宿旅馆，为最小程度地介入自然、保护环境的原真性，营造出客房与自然风景完美融合的场景，也会采用分散式散落布局的组合方式。这种组合方式多以独栋民宿为最小单元，自由散落分布在自然环境中，体现出原生态的气息。独栋民宿之间也可以通过步道、平台、栈道等形式相互联系，形成一个具有灵动性的、生态化的旅馆组团。例如四川光和云朵树屋民宿、杭州富春江畔船屋等。

3. 乡镇旅馆建筑主要功能空间设计策略

（1）公共空间

乡镇旅馆建筑的公共空间以入口空间、接待空间和餐饮空间最具代表性。

① 入口空间

入口空间是旅客进入旅馆建筑前的先导空间，它决定了旅客对旅馆建筑的第一印象，因此，入口空间设计必须具备辨识度和艺术性，可以使用当地特色材料或建造技术来体现其独特性。一些乡村民宿的入口空间也会采用曲径通幽、框景、对景等手法来营造静谧的氛围。此外，入口空间还承担着人流集散的功能，要根据旅客容纳量来决定集散场地的大小。

② 接待空间

接待空间是旅客进入旅馆建筑后的首位空间，如酒店大堂、民宿会客厅等，都属于接待空间，具备旅客集散、入住接待、等候休息等功能，应当与旅馆的整体风格一致，并着重刻画空间的共享性与开放性。可以在接待空间中设置多种场景，融入交流、阅读、展览等功能，形成功能复合的公共空间，也可以在此基础上结合室外景观、庭院等要素，模糊空间边界，加强建筑室内外联系。

③ 餐饮空间

餐饮空间是旅馆建筑的重点空间，主要为旅客提供餐食，有的也兼顾对外营业。乡镇旅馆建筑的餐饮空间可以结合好的室外景观创造出具有特色的空间，例如在用餐区使用大面积的玻璃幕墙，将室外景观引入室内，优化用餐时的视觉环境；设计室外用餐区域，结合户外庭院、屋顶平台、湖面餐区等多种场景，创造不同的用餐观景体验。

（2）客房空间

客房空间是旅客使用时间最长的空间，在进行客房空间设计时要考虑房间的舒适型、安全性及景观朝向。地处自然环境较好地区的旅馆客房，要优先考虑客房的景观朝向，可以通过采用大面积玻璃幕墙、设计露台、观景天窗等手法，将室外景色引入室内，增强居住体验。在室内设计中，可以通过使用当地材料、当地传统工艺品等方式，体现客房的地域特色。

（3）特色空间

在进行乡镇旅馆建筑设计时，要注意通过场景设计的方法创造特色空间，如与室外景观相融合的庭院空间、兼具观景功能的屋顶平台、有机联系各部分建筑的架空廊道或平台等。

1.3.4　乡镇旅馆建筑的流线组织

流线是将建筑各功能区有机串联起来的骨架，根据旅馆各功能区域的构成，合理组织动向流线是旅馆设计的重要内容。旅馆的类型、规模、等级及使用要求不同，其具体的功能构成与流线也有相应的简化或增加。大型高档旅馆和综合性城市旅馆因其规模较大、功能复杂，可在客房服务功能部分与对外会议、商务活动、餐饮、娱乐功能部分分别设置入口，组织功能布局与流线。

乡镇旅馆建筑的规模相对较小，公共部分功能较为简单，通常以餐饮功能为主，因此流线也相对简单。按照流线主体划分，乡镇旅馆各功能构成之间的动向流线主要分为旅客流线、服务流线和物品流线（图 1.3.4）。

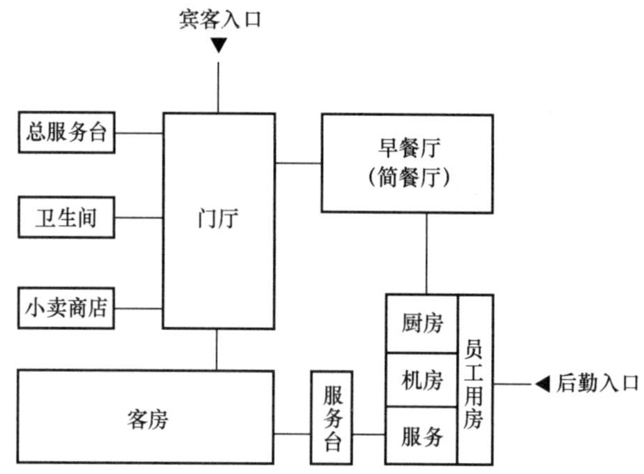

图 1.3.4 乡镇旅馆功能流线图
（参考：《建筑设计资料集（第三版）》第 5 分册）

1. 旅客流线

旅客流线是乡镇旅馆中的主要流线，贯穿客房空间和公共空间，主要包括住宿流线、用餐流线和其他公共空间流线。三种流线通过接待大堂（门厅）相联系，同时，住宿流线也要尽量与餐饮部分、公共娱乐部分等直接联系，以保证旅客使用方便。规模稍大一些的旅馆，需要考虑在旅客出入口处分为团队旅客流线和散客流线（图 1.3.5）。

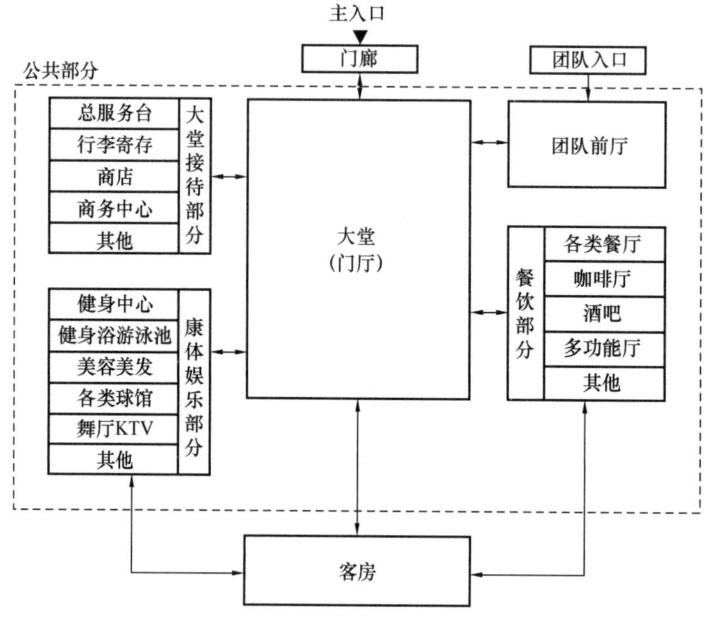

图 1.3.5 旅客流线图
（参考：《建筑设计资料集（第三版）》第 5 分册）

2. 服务流线

服务流线的主体是旅馆员工，包括员工内部工作活动流线和为旅客提供服务的流线。员工由后勤出入口（员工出入口）进入后勤内部工作活动区，再由工作活动区进入旅馆的客房部分和公共部分进行工作服务。后勤内部工作活动流线主要包括员工入口、更衣淋浴、员工用餐、进入工作岗位等，不能与旅客流线交叉；工作服务流线包括客房管理、布草、传菜、送餐、维修等，工作服务流线设计要方便连接各个服务区域，简洁明确(图 1.3.6)。

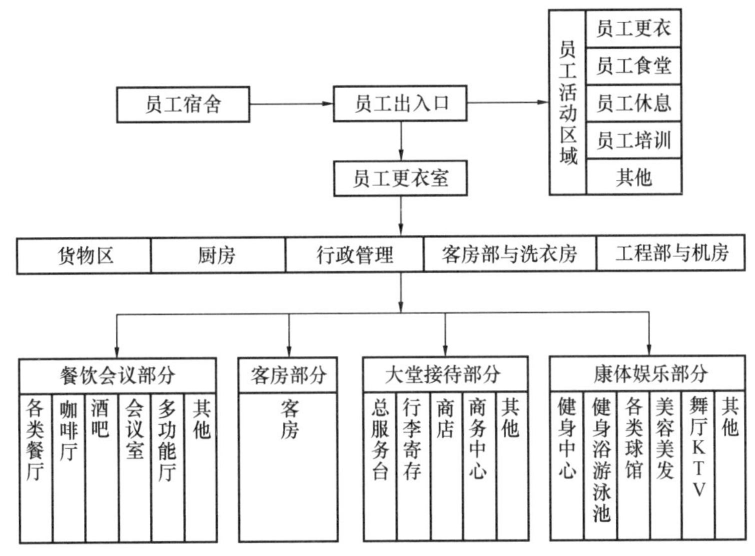

图 1.3.6　服务流线图（参考：《建筑设计资料集（第三版）》第 5 分册）

在进行服务流线设计时，尤其要注意的是餐厨部分流线设计，餐厨流线是由旅客用餐和后勤出餐两条流线共同构成的。

旅客用餐流线可以考虑两种情况：一是旅客由客房进入餐厅用餐，二是旅客由大堂或户外直接进入餐厅用餐。

后勤出餐流线要同时考虑货物流线与员工流线，货物由货车运送至后勤装卸场地，进入食品库房，通常可分为主食库和副食库，再进入厨房（操作间）进行食品加工制作，加工好的食物再经过备餐间进入用餐区域。员工由后勤内部工作活动区进入厨房区域，因此要考虑厨房区域与后勤内部工作活动区的直接联系（图 1.3.7）。

乡镇旅馆建筑的餐厨流线，可以视旅馆规模和餐饮服务的复杂程度进行增减，但流线组织的逻辑与流线设计的原则是一致的，均要分别考虑旅客用餐流线与后勤出餐流线在餐厅的交会，并且要避免两条流线的交叉干扰，也要考虑厨房区域与后勤主体区域的有效衔接。

3. 物品流线

物品流线主要包括原材料、布草用品、卫生用品等进入旅馆的路线、回收物品和废弃物品运出路线。货物入口与废弃物品出口的设置，要结合总平面设计，考虑货运车辆在场地内的流线，并考虑装卸货物的场地设置。物品由货物入口进入各类库房，再由各类库房

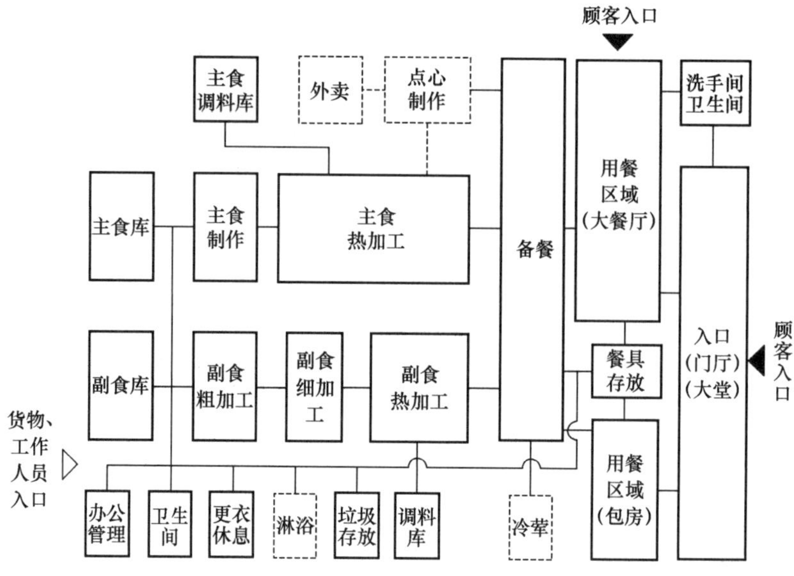

图 1.3.7 餐厨流线图（参考：《建筑设计资料集（第三版）》第 5 分册）

进入旅馆建筑内部各区。物品流线设计的关键在于其连续性，要注意场地内货物运输流线与建筑内物品运送流线的衔接关系，保证物品流线的流畅与简洁（图 1.3.8）。

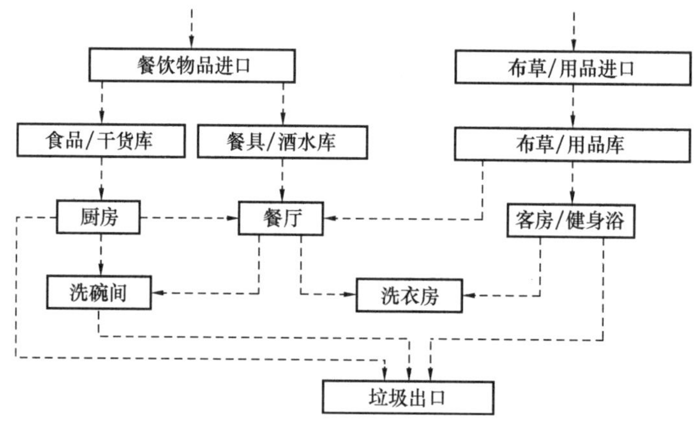

图 1.3.8 物品流线图（参考：《建筑设计资料集（第三版）》第 5 分册）

第二章
乡镇旅馆建筑设计

2.1　乡镇旅馆建筑发展

近年来，随着我国物质生活的不断丰富和经济水平的逐步提高，人们越来越向往绿水青山的环境。不少城市家庭选择在假期与亲朋好友一起去体验田间野趣，乡镇旅馆随之发展起来。

2.1.1　新时代我国乡村旅游与乡镇旅馆建筑变化

旅行一直是人生修行中必不可少的一种实践活动。明末清初的杰出思想家、经学家、史地学和音韵学家顾炎武先生曾把“读万卷书，行万里路”当作自己的读书信条。

随着时代发展，旅游形式发生了重大变化。今天人们更愿意去探索蕴含于神州大地上的民族文化。乡村显然是保留民族文化最原始风貌的沃土。诸如山西五台山的南禅寺，天津蓟州区独乐寺，如果不在远离都市的乡野之中恐怕也难以得到完好保存。当前我国乡镇旅馆类建筑变化有如下几点：

1. 由单一的建筑形式转变为具有各地乡野特征的建筑形式。

随着时代的发展，乡镇旅馆由单一粗放的自由生长的农家乐形式，逐步转变为有组织的经营。依托于各村庄的优势特色，不同村镇发展出了各自的特色民宿。

以沈阳市沈北新区兴隆台锡伯族镇单家村为例，依托稻田景观打造旅游资源，发展出了配套的民宿和娱乐休闲洗浴建筑群。春夏之交，稻梦空间田地之间绿意盎然；金秋之季，稻梦空间流光溢彩，丰收喜悦之情感染了所有的游客；寒冬腊月，稻田之上建造的冰场，让游客尽享北方独有的冰雪乐趣。“环境美、资源足”不仅吸引了游客，还为周边村民提供景区服务工作岗位，附近的村民不用外出打工，在这里即有可观的收入。配套建筑群包含民宿、餐饮建筑、洗浴休闲建筑，都依托这些特色活动兴建。

沈阳市潭南区满堂街道古砬子村同样是北方乡村，却发展出另一条截然不同的道路。古砬子村以“十里芳华”为概念，将10余栋原有民居列入改造计划，设计成现代风格的民宿，目前已有3栋分别命名为“贪欢”“清欢”“撒欢”的建筑投入运营。

2. 由城市转向乡镇的旅馆建筑呈现低密度、高品质状态。

国际上旅馆建设的趋势是向高层、大规模、高标准发展，竭力增加营利的公共活动部分。在设备上，运用先进的科学技术，创造理性的室内外环境，以提高运营水平，如使用空气调节系统、防噪声设备、遥控监查防盗设备，保证旅客安全等。这些技术与措施“搬运”到乡村旅馆的设计中显然是不合适的。

乡野自然之所以吸引人，独特魅力正在于其脱离世俗喧嚣的氛围。为了保留住这份宁静，设计者往往都会采用能够表达对乡村独有感情的材料和空间模式。

泰山九女峰脚下的云山奢酒店就是怀着对原始场地的尊重，希望保留百年间人与自然互动的空间记忆，用尽量少的设计手法和材料介入让场地本身的气质自然显露，给逃离喧嚣的人们营造质朴而舒适的休憩空间。室内外运用毛石和木材来表达人工建筑对自然山体的回应。在顶面和墙面采用玻璃封闭空间以形成日光中庭，最大程度保留原始场地肌理的同时强调建筑的体积感。传统定义的内立面与外立面在此不复存在，中庭空间所拥有的是户外的场所感。同时，玻璃的工业感则突出了毛石的质朴粗犷和蕴藏其间的石匠工人的传统手艺（图 2.1.1）。

图 2.1.1　云奢酒店

3. 旅游住宿业关注焦点的转变影响旅馆类建筑设计。

旅馆这一建筑形态在中国最早起源于商朝，称为“驿站”，当时是供官方传递文书和往来宾客居住的住所。现代意义上供大众消费的旅馆发展于 20 世纪 50 年代。

新中国成立后，尤其是通过 1956 年的社会主义改造，酒店在企业性质、职业地位、服务对象等方面都发生了根本的变。1978 年前，我国有 203 家具备档次的饭店。这期间，原有的老饭店不仅得到了改造，一批新宾馆、酒店也逐步建立起来，这些酒店一般都建于全国各省的省会城市和风景游览胜地，承担着接待外宾的任务。这一时期可以说是新中国成立后我国酒店发展史上的一个重要时期。

20 世纪 80 年代以来，国际上许多知名酒店管理集团纷纷进入中国酒店市场，90 年代后，本土酒店品牌渐渐崛起，如锦江、如家、格林豪泰、铂涛、华住等，向我国酒店业展示了专业化、集团化管理的优越性以及现代酒店发展的趋势，我国酒店业已经形成了一定的产业规模。

进入 21 世纪，随着民宿、客栈、精品酒店等新型住宿业态大量兴起，旅游酒店业逐步向旅游住宿业过渡。标准的星级酒店不再是统一的饭店业态，新兴旅游住宿业态的支配性力量正日益凸显。

目前旅游住宿业已经形成了星级标准、品牌标准和非标准住宿三种形式并存的格局，即广义的旅游住宿业态已经形成。

2.1.2　乡镇旅馆建筑设计新局面

任何建筑形式的更迭都离不开人类活动的改变，我国乡村旅游形式的变化同样也影响着乡村旅馆建筑设计的模式。人们对乡野的热爱促使其来到乡野，如果不在这里住宿居留，注定只是行色匆匆的一天，看不到夕阳、星空、日出，怎么能深刻地体会乡野之美？因此，三五好友、两三家庭留宿在乡村是很自然的选择，乡野旅馆也由此诞生。在乡村振兴中，乡村旅馆发展起来，民宿成为最常见的乡村旅馆形式。乡镇旅馆建筑设计新局面总结有如下几点：

1. 真正与自然共生

凯文·林奇在《城市意象》中提出，乡村意象是在人们脑海中所留下来的“共同心理图像”。乡镇旅馆类建筑，首先应该体现乡镇自然属性，即旅馆类建筑与乡村的自然、人文、社会三要素相互交织的完整性。

与自然和谐共生主要是通过采用适应当地气候的建筑构造方式，满足使用功能和舒适性。以南北方气候差异为例，北方的民宿应充分考虑建筑物冬季的保暖和夏季的通风，南方建筑着重考虑室内风环境。两种不同的气候环境对建筑物的空间布局、体形系数的要求都是不同的。如果简单照搬一个看起来样子不错的南方建筑到北方的村镇中，会导致用起来不方便、不舒适，这对于乡村旅馆的长期稳定经营非常不利。

2. 低密度，高品质

对于乡村旅馆而言，乡镇旅馆的定位一定与城市中的旅馆类建筑大相径庭。被山水环抱的乡村，无论是以达成“双碳”目标为前提，还是以与环境相得益彰为出发点，都应该呈现出低密度、高品质的特点，有学者把这一特点归纳为“弱建筑理念”。后现代主义之后，建筑脱离了符号化、标签化的定义，各式建筑涌现，多元化的建筑拓宽了城市风貌，然而在这些雄伟的建筑背后，也有一批新兴的“弱建筑”。这些建筑采用刻意弱化建筑表现形式、注重空间本质的手法营建。如北京的长城脚下的公社项目，共有 42 栋别墅，190 间套房，4 个餐厅和 1 个儿童俱乐部。整个建筑群由 12 名来自亚洲不同国家的建筑师设计建造，每座建筑使用材料不尽相同，整个建筑群规模并不算小，但整体保持一个较低的密度，掩映在山峦之中（图 2.1.2）。

3. 与当地人文特色相融合

民宿的生命力源于乡村，所谓仁者乐山、智者乐水。民宿最精彩、最动人之处，在于它可以充分利用乡村的生产、生态、生活与文化价值。民宿要充分尊重和利用乡村价值。

乡村被认为是传统文化的载体，被誉为传统文化的宝库。因此，乡村文化是最具有生命力的民宿资源。丰富的乡村文化资源包括乡村的传统建筑、农业耕作方式、循环利用、农业景观、村民生活方式、节日时令以及红白喜事在内的乡土习俗，这些都饱含着尊重自然、敬畏自然和合理利用自然的生存智慧。与大自然节拍相吻合的生活节奏，被认为是最符合人性、有助于身心健康的生活方式；乡村群体性娱乐和交往方式给人们彼此间的感情交流提供了机会和空间；民间艺术、乡村手工艺满足着人们多种审美需求的同时，也传承了优秀文化和价值观念。民宿与丰富的乡村文化相融合，就摆脱了单调的乡村住宿功能，而成为集休闲、体验、教育于一体的极富吸引力和生命力的载体。乡村的习俗和文化是吸引城市人群的一个重要因素，作为物质载体，建筑应该体现乡村文化。

王澍先生在乡村的建筑实践展示了乡村建筑设计策略与人文特色相契合的魅力。在 2014～2017 的文村实验中，王澍发现当地人对于乡村更新有着两种截然不同的观念：一是拆除原有的建筑，重新建造和原有建筑一模一样的新房子；一是拆除原有建筑，盖成新

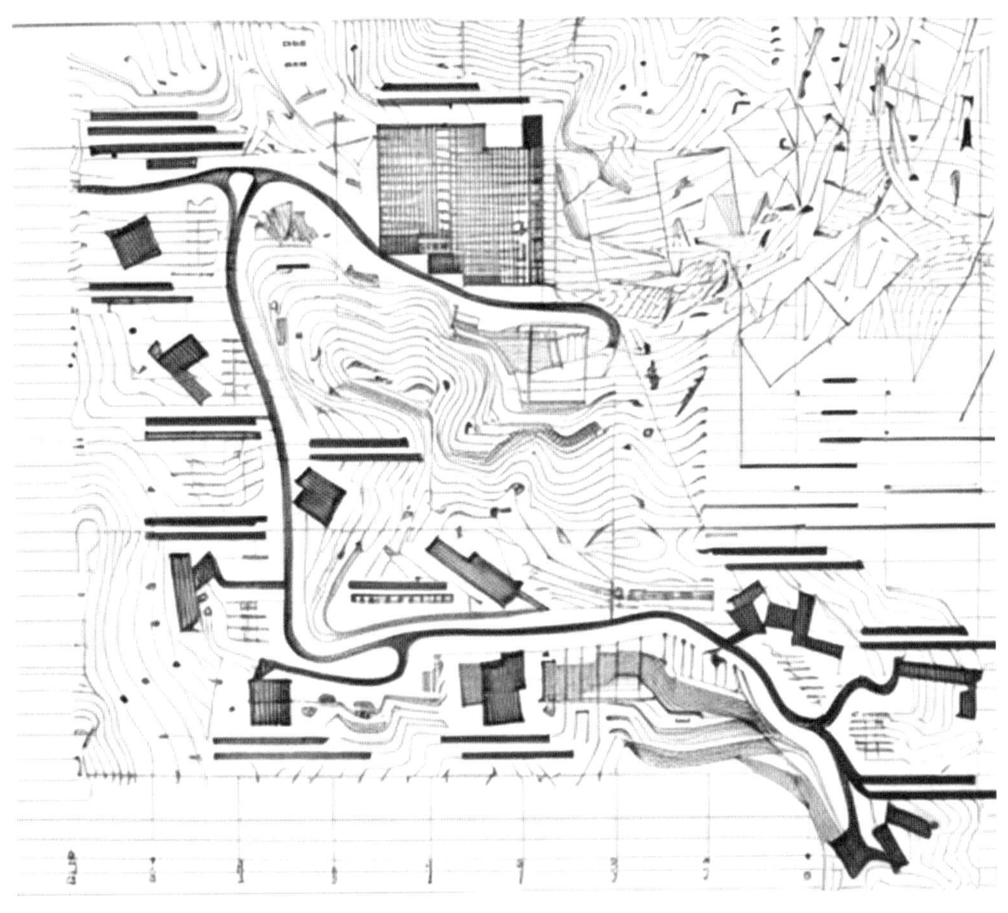

图 2.1.2 长城下的公社

的别墅商品房。但这都不是王澍想要的新乡村建筑，王澍更希望保留原有的乡村肌理，在新和旧之间不是一刀切地加以区分，而是让新旧建筑有机地融合在一起。起初的设计任务是新建 15 栋独立的乡村住宅，但王澍研究之后，认为当地传统的建筑密度远大于此规划，而传统的建筑密度是维系当地传统人际关系亲密度的基础。于是在重新设计后，王澍在同样的场地内布置了 24 栋新建村居，并且每一栋都有自家独立的院子。王澍认为院子在中国传统建筑中的意义极其重大，是乡村环境向建筑的延伸。24 户建筑分成 8 个不同的类型，而每种类型在材料和构造上又有 3 个变体，所以呈现的结果就是 24 栋不尽相同的建筑。这也是源自当地传统建筑的启示：当地原生的传统建筑，无论类型是否相同，由于业主的不同，所以在细节设计上总是存在差异。

4. 我国乡村建设文化自信的回潮

近些年，随着文化自信的回潮，我国本土建筑师的建筑创作不断涌现出能体现本国文化的建筑构思。我们不再一味追寻国外建筑所带来的“欧式”线条，而是思考传统建筑在现代建筑中的表达。

在乡村建筑设计领域，传承和发展传统建筑文化，不仅体现在继承传统建筑形式和工艺方面，更体现在合理应用传统建筑材料上。随着社会文明的进步和科技水平的提高，各类创新型建筑材料层出不穷，并广泛应用到现代建筑设计领域。但是，新型材料的发展并不等同于彻底抛弃传统材料。在现代建筑设计中，为了寻求不同时代文化特征的融合，会对传统文化符号进行概括、提炼和精修，在保留重要价值的基础上增添地方特色，然后重新塑造，实现传统文化的继承和传播，传统建筑材料的使用无疑是其中一个重要的方法。

5. “双碳”目标下的新局面

近些年来，我国政府一直高度关注气候变化对国家和社会的影响，并积极推进碳减排工作。为深入贯彻习近平总书记的生态文明思想，将碳达峰、碳中和战略目标纳入乡村振兴全局，中央发布了系列指导性政策。减排固碳方面，农业农村部、国家发展改革委联合印发了《农业农村减排固碳实施方案》，提出实施稻田甲烷减排、化肥减量增效、畜禽低碳减排、渔业减排增汇、农机绿色节能、农田碳汇提升、秸秆综合利用、可再生能源替代、科技创新支撑、监测体系建设等10大行动，以提升我国农业综合生产能力，降低温室气体排放强度，提高农田生态系统固碳能力，加快农村可再生能源发展，形成农业绿色低碳产业。绿色低碳建设方面，中办、国办印发了《关于推动城乡建设绿色发展的意见》，明确提出“打造绿色生态宜居的美丽乡村”，提高农房设计和建造水平，建设满足乡村生产生活实际需要的新型农房，加强既有农房节能改造等。从宏观政策来看，“碳中和”正在一步一步走进乡村，并延伸到农业农事生产、农民农房建设等方方面面。两大战略的有机衔接、协同推进，既能促使农业农村充分发挥减碳和增汇潜力，亦可助力乡村实现生态振兴和绿色发展。

在“双碳”背景下，以低碳节能、绿色能源视角建设“零碳乡村”，统筹人、地、村系统考虑、整体联动，寻找经济增长与环境保护之间的平衡等，将是乡村地区规划建设工作的重点。中国的“美丽乡村”建设将传统乡村提升为绿色宜居、产业兴旺、底蕴深厚的可持续发展的低碳、零碳、负碳乡村，将为世界实现碳达峰碳中和提供实践示范。

当前有不少建筑师在乡野中探索农村的活化利用。改革开放以来，随着乡村城镇化的建设，农村人口不断向城市转移，在农村留下了大量的闲置房屋。近年来，中央和各地方政府出台了一系列政策，结合农村宅基地制度改革试点、农村一二三产业融合发展等工作，促进农村闲置宅基地盘活利用。

以浙江省湖州市安吉县石龙村为例。在乡村振兴政策的鼓励下，安吉石龙村村民准备将自家闲置的院子改造成花园式餐厅，并委托建筑事务所进行设计（图2.1.3）。

石龙村现有的餐饮店铺以中式和欧式复古风格居多，大多保留了二十年前流行的装修风格，以大面积铺贴大理石的“土豪风”为主。现场为一片面积1000m^{2}的空地与3套闲置的20世纪90年代的自建房。三处自建房呈L形排列，屋面及内部木结构均已老化，且开窗小，内部光线较暗，满足不了商业用餐的需求。针对旧房现状，设计团队采用三个改造办法将其逐步改造为现代风格的舒适餐厅。

首先，修复替换了已经有虫蛀及腐朽的木结构桁架，重新制作屋面系统，在木架之上加入保温层、防水层，并将原始漏雨的瓦片屋面更换为白色的宝钢板。白色屋面与墙面在视觉上融为一体，整个房子的雕塑感和体积感得到了强化。三栋房子仿佛是三个石膏块坐落在场地上，等待着光影的雕琢与展示。

图 2.1.3　石龙村民宿建筑

其次，设计团队对建筑的立面开窗进行了设计。结合内部功能，对商务包间处对外开高窗，保证用餐的隐私，对休闲用餐区开大面积落地窗，将屋外的自然风光引入室内。同时房子与房子间的窗有对应关系，与院中树一起形成对景的效果。在摆放休闲沙发、茶几的地方则对应开矮窗，使得坐下的人与地面的花草可以更加亲近。

除了需要改造的三套自建房，现场还有一大片空地等待着改造。安吉以青山绿水为游客所熟知，比起人工环境，人们在日常生活之余更多倾向于自然。但是由于本项目场地位于村镇交界处，客观上缺乏先天的自然景观，仅有的绿色便是场地尽端的一小片林地。为了增添自然野趣及室外就餐空间，在室外设置了木屋餐厅，在入口至树林处的这一段视觉轴线上针对性地增加了微地形与植被树木，使得小木屋可以掩映其中，创造视觉深度，营造一进入场地便置身小树林的自然意趣。

木屋部分一共分为六个单体，每个单体的尺寸、造型都有所不同。整体高低错落有致，灵动活泼，与环境灵活结合在一起。六个木屋三个成一聚落，形成了两个组团，中间的空隙成为行人和员工行走、送餐的主要路径。每个木屋的单体造型均是含有斜角的不规则多面体，悬挑架空在矩形基座上，营造出悬浮在丛林之中的感觉。除了进门的墙面是平面，其余面均有一定角度的倾斜。

为了营造轻盈、悬浮、不阻碍自然风景的视觉感受，除了将每个多面体体块悬挑出基础一部分之外，还在底部加入阳光板。木板墙面没有直通到底，而是与阳光板结合，上实下虚。夜晚，室内的橘色灯光从阳光板和小窗内透出，更显木屋的奇妙与独特。木屋以钢方通焊接的框架为基础结构，在其上铺盖保温棉、欧松板，最外面为橡木挂板。底部基础为混凝土现浇，上半部分为工厂定制，运输到现场后再进行组装拼接。每个木屋的开窗大小、形状、位置都有所不同，白天通风，夜晚一个个透光的小窗成为餐厅的亮点。

考虑到横向拼接木板会出现叠层，最外层的木板采用了竖向拼接的方法，打造出平整、光滑的外立面。室内由于木屋高矮大小不一，分为多种包间类型。较矮的木屋将其基础挖空，人们席地而坐，适合 2～4 人用餐。较高大的木屋则放置标准高度的桌椅，供家庭聚会用餐的人们使用。

像这样的乡村餐厅利用原有建筑进行改造，可降低对环境的破坏，节省在营建过程中由于拆建带来的污染，实现低碳乡村建设。

2.1.3 镇区与乡村旅馆建筑设计异同

镇区作为城市与乡村的中转区域，既具有乡村的属性又有比较集中的商业模式，因此镇区的旅馆和乡野旅馆有一定差异。镇区一般是指在城区以外的县人民政府驻地和其他镇政府驻地实际建设连接到的居民委员会及其他区域。与政府驻地的实际建设不连接，且常住人口在 3000 人以上独立的工矿区、开发区、科研单位、大专院校等特殊区域及农场、林场的场部驻地也视为镇区。也就是说，镇区区别于自然村同时也与城市相异。这种介于城市和乡野的特殊属性决定了来此住宿的人群的目的性与乡野旅馆有一定的差别。

镇区的旅馆相对集中，不具备乡村民宿式旅馆的属性，镇区与乡村旅馆存在以下异同点：

1. 相似点

（1）相近的建筑性格：位于繁忙都市之外的镇区旅馆与乡村旅馆同样拥有乡野的宁静气质，服务人群多数为旅行或者乡村到镇上办事的人员。图 2.1.4 为浙江省小城镇改造，其中城镇旅馆由多家私有房产联合改造而成，从建筑立面上看，改造后的村镇旅馆与城市快捷酒店有相似之处，整体面貌比较和谐。清境民宿（图 2.1.5）为自然村落中的民宿酒店，是一座乡村中的新建建筑。从两张图片中可以看到，乡野旅馆与城市中的旅馆、星级酒店的区别在于，乡镇旅馆都与乡村的属性对应，在这里设计者不会选择城市旅馆常用的建筑材料，如闪闪发光的金属、玻璃和昂贵的石材，而是选择砖、石、木这些稍有人工加

图 2.1.4 小城镇综合治理镇区旅馆（图片来源：毕业生设计文本）

工的材料，而且刻意体现这些材料的原始性能。

图 2.1.5　清境民宿

（2）相似的经营模式

村镇房屋所有权和乡村基本相同，均为个人所有。旅游公司或酒店管理公司想要统一经营就需要和每家商议租赁，需要在建筑设计前期的策划阶段统筹安排，这一点与城市更新相似。主体结构不能改变，设计者能够参与设计的部分只针对建筑内的功能更新，建筑外立面以及环境景观的重新整合。

以沈阳古砬子村为例，这个自然村村民把 20 栋闲置房屋统一租赁给旅游开发公司，由旅游公司统一经营管理。目前开发运营的 3 个院子，分别命名为：清欢、贪欢、撒欢，名字透露出对乡情野趣的喜爱，仿佛置身于此处的人无论是什么年纪都能回归童年、尽情玩耍。就这三个主题，设计者在室外营造了孩子玩耍的多个不同空间，如沙池、动物饲养角、水泥小屋等（图 2.1.6）。

2. 差异点

（1）目标客户

自然村和镇区各自的特点决定了其所在区域旅馆建筑的客户群迥异。散落在各地的村庄主要到访人员是旅行者。他们的住宿要求是体验慢生活，缓解在城市中的繁忙与疲惫，因此住宿环境应充分体现绿水青山的悠然之感，建筑空间自然需与山水相得益彰，注重居住感受和体验乡野之乐。镇区的住宿与城市快捷酒店比较注重功能性或者说是品质感。选择在自然村落住宿的人一定是高度认可村落自然资源的人群。

乡镇经济较乡村发达，到访人群或是到镇政府办理公事，或者是为镇中心成熟的旅游资源所吸引。而且镇区的基础设施较自然村落更为健全，也就是说和城市更加接近。乡镇旅馆为城市人在乡野和城市间提供了一处过渡体验空间。

针对这两类不同的人群，结合自然村和镇区旅馆的实际建设情况去做旅馆设计，或新建或改扩建，都能相对准确地把握旅馆的定位和功能需求。如在乡野旅馆中一定要有供旅客户外活动的院子，而且院子内设置供不同人群停留、交谈、嬉戏的小场域。

（2）建筑密度

乡镇由于经济较乡村发达，建筑密度介于城市和乡村之间。城镇的建筑密度和需求都要比乡村略高，因此在设计时应注意控制密度和容积率。反映在建筑形态上，乡村旅馆往往是分散式的民宿类，多采用集中式。

图 2.1.6　贪欢小院

稻梦小镇所在的单家村旅馆经营模式均为分散式民宿，如图 2.1.7 所示，其建筑设计在立意上与稻梦小镇主体产业相契合。稻田成为民宿建筑景观设计的一个重要部分，从使用功能上也发挥稻梦小镇产业优势。利用稻梦酵素的概念融入休闲娱乐，形成玩、吃、住一体的旅游模式。在这样的模式下的建筑设计需要采用低密度高品质的建筑形式留住乡村的风味。像这样的特色小镇，在有产业支撑的情况下，相应的配套设施就可以对应其特色进行建设。同样是在东北地区，万达长白山度假酒店采用的就是集中式处理（图 2.1.8）。这是源于其服务的目标人群是来此滑雪的人，而且旅游旺季集中在冬季近 6 个月的时间里。这样的短时、集中的人流量，自然需要一个容量大的旅馆来承接旅客住宿、游玩的需求。

图 2.1.7　稻梦小镇民宿

图 2.1.8　长白山万达度假酒店

2.2　乡镇旅馆建筑的地域性特征

“地域性”这个概念最先来源于人文地理学，也是该学科的起始点与基础。地域性的核心任务是分析地域差异规律。地域主义表明人与自然是统一共存的整体。人类生活、生产都受到自然环境的制约，同理，建筑与自然环境相互协调也是地域性的体现。所以适应当地自然、人文，以及社会的建筑即为地域性建筑。

地域性建筑在空间创作上，就是人地共生的理念。任何地域性建筑，其创作的基础都是对当地环境与文化的尊重，其本身的特点是时间、空间、艺术、文化在当地空间形态上的反映。我国地域广阔、不同地区乡镇间差异较大，其地域性也千差万别。因此，地域性是乡镇旅馆建筑创作领域的主要特征，其主要是以人地协调为指导思想和基本原则。简单来说，自然性、文化性与经济技术性都是地域性。

2.2.1　自然环境特征

气候条件决定了建筑主体的形态。建筑是轻盈俊秀还是厚实稳重，是通透镂空还是饱满充实，是分散舒展还是密集收缩，都是由具体地点的具体气候条件决定的。从宏观层面上建筑聚落的布局和走向，到中观层面上建筑具体朝向、空间位置，再到微观层面上建筑构件都反映出气候因素对于建筑的巨大影响。世界上不同地域之间的文化、语言、风俗有很大的差别，但是同气候下的建筑主体形态却是十分类似。

自然因素对旅馆空间的发生、发展和升华具有必然性的影响。旅馆因为特殊的地理位置和度假者的需求，其设计以周围的环境为主，建筑自身为次，这种外向性的设计，要求旅馆在选择位置的时候，必须充分考虑其所在地区的环境状况（气候条件、地形特征），使它与环境充分融合在一起，更好地营造具有场所感的休闲氛围。自然条件对建筑形态有很大的制约和影响。人们首先面对的是当地的自然环境，它们是影响地域性建筑产生、发展的重要因素。

（1）气候

气候因素对乡镇旅馆建筑设计理念和建筑形态的多样化至关重要。在影响和决定旅馆设计的自然条件中，气候因素确定了其形象中最为基础和稳定的地方。旅馆能否适应本地的气候条件是权衡其形象合适与否的重要因素之一。

不同气候地区旅馆的设计往往差别较大。比如屋顶设计方面，在寒冷的北方或高山环境中，斜度较缓和的屋顶设计有利于积雪的堆积，以便对室内起到保温的作用，如位于喜马拉雅山上的酒店；在热带雨林和草原地带，由于遮阳、避雨、通风的要求，屋顶的建筑形式主要表现在地方木结构和坡屋面的优雅样式，如位于巴西的度假酒店；在干旱和半干旱地区乡土建筑大多是土质的平屋面，用当地的石头、烧制的砖块或者日晒的黏土砖块垒砌墙体支撑，如非洲马拉维度假酒店。有关专家研究发现：不同的气候特征对建筑形式的影响远远大于文化特征对它的影响。由此可见，地域的气候条件是设计师进行旅馆设计时首先必须考虑的自然因素，它关系着度假者最为原本的生理需求，同时，也是影响和决定地域性旅馆设计中最基本和最稳定的部分。同气候地区，其建筑主体形态总体来说是十分类似的。比如，我国新疆地区与埃及气候都以干燥炎热为主，降水稀少，所以两地民居的建设十分类似，都以厚墙体小开窗为主，屋顶为平屋顶（图 2.2.1）。王育林教授在《地域性建筑》一书中通过对大洋洲、南亚次大陆、西亚、阿拉伯世界、非洲及拉丁美洲建筑的地域性细致探讨，对建筑的地域性与气候之间的关系进行了详细分析，说明了气候条件对建筑各部分间结构形式、屋顶形式、围护结构、开洞尺寸的影响。

图 2.2.1　伊宁梵境精品民宿

各个地域的建筑在建筑形态上千差万别，这主要是由气候与建筑的主要矛盾所决定的。我国南方热带地区气候潮湿多雨，四季气温相对温和，建筑与气候的主要矛盾就是挡雨并及时排水以及通风防潮，所以建筑的主体形态一般都会使用坡度较大屋顶排水，并通过出挑深远的屋檐与梁柱之间形成的灰空间来挡雨。建筑多采用架空的形式并且建筑四周开窗面积巨大，用来隔离地面的潮气，通风以保持室内干燥。同时通过暴露室内的梁柱系统达到防腐的目的。在我国的东北地区冬季降雪，气候寒冷且风大，但春夏秋季温度适宜，气候干燥，建筑与气候的主要矛盾就是冬季保温供暖并使积雪融水及时排出以及挡风，所以建筑的主体形态多采用厚重的墙体以利于冬季建筑保温；适当的起坡利于积雪融水排出；坐北朝南，南面开大窗，北面开小窗或不开窗，利于冬季阳光进入室内，并且遮挡西北风。不同地区所特有的地域建筑形态是人们解决建筑与气候之间矛盾的产物，只通过建筑本身而不依赖现代设备的设计手法使建筑的形态充满地域性。

位于泰国普吉岛的 Keemala 旅游度假酒店，处于低纬度的热带雨林地区，这里降雨量大且地表潮湿，建筑需要注重通风、防潮及排水。所以在酒店客房设计时多采用坡顶或是尖顶以便排水，客房建造在独立的柱基上或者是通过干栏架空，保证建筑防潮的需求，大面积的落地窗有利于建筑室内外通风，保证室内环境干爽宜人。

杭州地处我国东南沿海，属温带季风气候，每年会有长达一个月的梅雨季节，建筑对于挡雨和通风的要求就变得格外强烈。王澍在设计中国美术学院象山校区的学生宿舍时充分考虑到建筑对于挡雨及通风的需求，在钢筋混凝土的主体上，建筑立面分层安装了挡雨和排水用的挑檐，在挑檐内侧设置大开窗，既满足挡雨的需求又满足通风的需求，保证室内环境的舒适、干燥。挑檐还变相起到了导风板的作用，合理引导风向及流速，在台风时弱化大风对室内的影响，同时还起到遮阳板的作用（图 2.2.2、图 2.2.3）。

图 2.2.2 南方乡镇旅馆建筑

图 2.2.3 北方乡镇旅馆建筑

气候是影响一个地区建筑设计的主要因素之一，也可以说是气候造就了不同地区之间各具特色的建筑。旅游酒店的设计应充分了解建设地区的气候特点，并遵从气候的规律进行设计，这样可以使建筑在使用时避免恶劣天气的影响，减少物质及能量的消耗，同时营造出舒适的内部环境。

（2）地形

如果说气候条件影响的是建筑的主体形态，那么地貌因素影响的则是建筑的布局形态。不可否认，平地是最便于进行建筑布置的地貌，因此建设在平原地区的村落布局都较为规整，方方正正、排列有序，但纵观整个地球，人类聚居的区域并非都是平地，地貌的千差万别造就了建筑布局形式的多种多样。在进入现代社会以前，人类并不具有大规模改造地形地貌的能力，通常都是采用最节省人力的方法，较少改变原始地形地貌，通过顺应地形地貌进行建设。即使进入现代社会，随着建筑技术及施工设备越来越先进，人类改造自然的能力越来越强，但对于地貌的处理采用的仍然是最小限度的改造手法。

我国是一个多山的国家，平原只占到国土面积的12%，盆地占到国土面积19%，易于建设的区域较少，山地和丘陵就成为建筑建设的主要场地。我国云贵高原地区地势起伏大，境内全部为山地，当地的居民通过吊脚式和干栏式建筑并通过对地形的微改造来解决地势高差的问题。晋冀太行山区，地势起伏同样很大，当地居民使用石材砌筑平台、平整场地，并在平台上建造建筑。而在晋陕黄土高原区，由于雨水的冲刷和地质运动形成了大量的黄土梁、黄土崖、黄土塬，当地居民通过对黄土地貌的改造和巧妙利用，创造了窑洞这种建筑形式（图2.2.4）。

图2.2.4　不同地形地貌的乡镇旅馆建筑

从古至今，我国各个地区的民居建筑通过对地形的合理利用使建筑整合于整个大的地景景观之中，建筑、景观、地形和谐相融，建筑也因此具有丰富的地域特征。如位于贵州苗族侗族自治州的西江苗族村寨建设在雷公山山麓处，丘陵地形坡度较大。寨内的建筑顺着地势沿山而上，平面自由随机布置，以鹅卵石、青石为台基，上面为木质吊脚楼。建筑群层层跌落覆盖整个丘陵，各个建筑之间互不遮挡，每一户人家都有自己独特的自然景观，同时下部的吊脚楼又成为上部吊脚楼的景观。

（3）景观

景观的地域性是在一定的自然地理或社会文化意义的空间范围内，景观表现出来的共同特性。现代景观设计强调对自然的理解和尊重。地域性是景观设计的基本属性之一，景观总是存在于一定的地域和时代，因此，景观设计也就必然离不开地域的环境启示，摆脱不了时代的需求和域外先进文化的渗入。

三亚鸟巢度假村坐落于三亚市东南25km的热带天堂森林公园，背山面海。酒店客房如鸟巢一般隐于树木之间，采用热带风格的建筑设计，在地形、气候及建筑材料等方面体现了热带地区建筑的地域特点。气候方面，由于地处热带沿海，全年高温多雨，所以客房在建筑形态上采用了利于排水的坡屋顶和攒尖顶，每个立面都设置若干面积不同的窗户便于室内通风干燥。地形方面，由于整个客房区建设在亚龙山的山坡上，地形十分陡峭，无法使用筑台、提高勒脚等常见的山地地形处理手法。为应对陡峭的山坡以及不破坏雨林树木的生长环境，在酒店客房的设计上采用了架空的处理手法，因而使用了吊脚的处理手法；将一定数量的钢柱插入山体当中，钢柱之间通过横撑加强联系以增加强度和稳定性，最后在钢柱顶部修筑平台，再在平台上修筑建筑作为客房，平台下方则为树木生长留出了充足的空间。平台上的客房高度大致与周围的树冠相当，客房掩映于树冠之中。各个客房之间通过栈道与台阶相连接。吊脚式的建造方式体现了对地形的适应，同时底部架空有利于建筑本身的干燥。在材料方面，采用热带地区常用的红木作为主体材料，红木木质坚硬、耐久性强；屋顶采用热带地区常见的棕榈叶，或是用木材制成的木瓦铺设。通过采用当地特有建筑风格，以及使用当地特有的建筑材料，整个客房区与周围山地和雨林有机联系在一起（图 2.2.5）。

图 2.2.5 三亚鸟巢度假酒店建筑

如坐落于越南中部珊瑚湾的赞尼尔酒店，真诚地向越南传统建筑学习，呈现出简约、质朴、迷人的气质。酒店共有 73 栋别墅，分别散布在山顶上、山谷中及海滩边，可以方便欣赏大海或山丘全景。建筑无声地融入自然环境，在树冠之上几乎看不到屋顶。四种别墅类型——稻田、山丘泳池、沙滩泳池和海湾泳池的灵感都根植于越南传统建筑的艺术形式。这是对越南不同部落传统住宅的现代诠释。别墅采用古老的技术生态建造，真实地复现了不同的建筑风格，同时又提供了更现代的生活方式。精简的内饰，以自然的颜色和纹理为特色；墙壁上挂有越南绘画和丝绸版画；软家具采用传统材料，如生丝、编织藤和麻制成，还有一些优雅的家具由回收木材和竹子，巧妙手工制作而成。

25 栋稻田别墅的灵感来自附近漂浮村庄的渔民住宅。这些漂浮的村庄最初是为返回的渔民出售前一天晚上的新鲜渔获而建，但很快就变成渔民们居住的地方，人们在这些自给自足的小船上生活、吃饭、睡觉、工作和社交（图 2.2.6）。

图 2.2.6 越南珊瑚湾赞尼尔酒店稻田别墅

25 栋山丘泳池别墅和 2 栋大湾池别墅坐落在山顶之上，可将整个珊瑚湾的风景尽收眼底。别墅设计灵感来自居住于越南中央高地的埃地人的长屋。它们通常由一系列的房间组成，允许建筑随着家庭增长而扩大，有些长屋会长达 100m。赞尼尔酒店的泳池别墅汲取了长屋的独特元素，有着长长的外形、低矮的瓦片屋顶和竹子覆层。每个别墅都被一个凉廊环绕，有私人游泳池和露台，提供面向珊瑚湾的广阔视野，同时热带的叶子保证了别墅的安静与私密（图 2.2.7）。

图 2.2.7　越南珊瑚湾赞尼尔酒店山丘泳池别墅

21 个沙滩泳池别墅直接坐落在沙滩上，建筑设计灵感来自居住于越南东南沿岸占婆人的住宅：屋顶由茅草覆盖，木制屏障提供隐私保护，墙壁由一种混合了黏土、沙子和稻草的天然材料覆盖。沙滩别墅被设计成一个典型的占婆人家庭住宅样式（图 2.2.8）。

图 2.2.8　越南珊瑚湾赞尼尔酒店山丘泳池别墅

别墅分为一居室和两居室两种，均建在木支柱上，有自己的游泳池，面对绿松石色的大海，粉白色的沙子仅有几步之遥。室内设计以米色和奶油色为主色调，墙壁上装饰着彩色浮木面板和凉爽的棉布、亚麻布，创造出一种轻快的感觉，反映出海滨住宅的特点。

与只有一间或两间卧室的山丘泳池别墅不同，海湾泳池别墅采用双层结构，分别拥有 3 间和 4 间卧室。房间内饰以质朴色调为特色，比如刷过的石墙，光滑的竹地板，美丽的风化木材和灯笼风格的照明（图 2.2.9）。

图 2.2.9　越南珊瑚湾赞尼尔酒店沙滩泳池别墅室内

2.2.2　地域文化特征

所谓“地域”有两种概念：一为土地的范围，也就是地区范围；一是特指本乡本土。从第一层字面意思上来看，地域也可以称为区域，是指能够按面积的大小而确定的一块土地，是有实际空间边界。从第二层字面意思上来看，意义就更广泛一些，本乡本土包括了这一区域内的物质的与非物质的所有。作为物质的属性，地域是有空间限定的，并且带有空间的自然环境特征；作为非物质的属性，也就是精神文化方面的属性来看，地域是指当地的风俗、爱好、人文特征等文化痕迹。

相对“地域”来说，“文化”这个词的概念太广泛，每个学科都试图站在自身学科的角度来界定文化，因此很难给它下一个严格而精确的定义。笼统地说，文化是一种社会现象，是人们长期创造形成的产物，同时又是一种历史现象，是社会历史的积淀物，也就是指人类在社会历史发展的过程中所创造的物质财富和精神财富的总和。它包含了三个不同的方面：物质文化、制度文化和心理文化。

人类群体在不同地域生活和繁衍，由于自然环境与自然资源不尽相同，其所产生的社会风俗文化也就互有差异。随着人类社会的不断发展，这种“差异”被不断放大、不断固化、不断发展，在各个地域形成具有自身特色的地域性文化，它反映在服饰、饮食、风俗、建筑、文化、信仰等社会生活的方方面面，具有显著的可识别性。正是由于地域文化的可识别性差异，才使得旅游这项活动富有吸引力。随着社会科技的发展及各国各地区之间的技术交流和文化碰撞，地域文化之间的差异性越来越弱化，新建建筑中已经找不到传统地域文化的影子。乡镇旅馆建筑作为乡村振兴发展的旅游服务设施、向外来游客展示本地乡村文化的平台，其本身就是地域文化的一个综合体，应当对当地的地域文化有所体现，让游客在潜移默化之中体验到当地乡村文化的魅力。

地域文化是指在一定地域范围内的人们对于长期生产生活方式的共同认同。它包含着建筑形态、穿着服饰、饮食习惯、风俗人情、方言文化、民间信仰等，是系统化的物质与非物质的集合体。所以地域文化也影响着上述的各个方面。地域文化随着生产力的进步以及社会的发展从长远上来看是不断变化、不断演进的，但这种变化和演进又是微弱的、不易觉察的，所以在时间上又存在一定的稳定性。建筑围合出人类生活的空间，承载着人类的物质生活和精神生活，一定意义上反映着当地的地域文化，也就是说建筑的地域性表达受到当地地域文化的影响。例如均为砖木建筑的北方四合院建筑与南方徽派建筑，因为两地迥然各异的地域文化，导致最终的表现形态存在巨大的不同。

（1）地域生活方式

建筑的最终表现形式和当地人们的生活方式是有密切关系的，例如内蒙古草原上的蒙古族，生活方式以游牧为主，居住地随着草场的生长而迁移。这就要求建筑可拆卸且便于携带，于是就产生了蒙古包这种建筑类型。华北平原生活方式主要以农耕为主，在麦收和秋收之际需要大面积用于粮食晾晒的空间，所以华北地区民居多建有大面积的院落空间以及平屋顶。新疆吐鲁番以葡萄种植为长，更以葡萄干闻名，所以便于通风的镂空晾房就成为当地特有的建筑类型。西南地区的少数民族家中都设置有火塘，火塘是人们日常生活如煮饭、取暖、照明、议事、祭祀的中心，所以当地的传统建筑以火塘为中心进行布置。不同地域的生活方式都会明确地反映在建筑上。

如今人们旅游已不满足于简单的观光，而是追求未知的生活方式的体验感。地域建筑是对当地生活方式的一种展现，所以在进行地域建筑的设计时应当从当地的生活方式中提取可以服务于设计的要素。

（2）地域文化特征

地域文化是建筑地域性表达的内在基因。但不同地域文化之间地域特征是有明确区别的，这对建筑的形式和风格有明确的影响（建筑的色彩、细部、内饰、比例、图形、造型等）。例如封火山墙原本的功能是用来防止火灾蔓延，但它在徽派建筑、福州岭南建筑中造型及色彩都有不同。徽派建筑中马头墙是对离家在外经商的人的思念，是盼其平安归来的象征，而白色的墙体则是对其清白做人的希望。福州建筑中的马鞍墙，龙脊墙上的瓦片象征着龙鳞，两端的翘角象征凤羽，取龙凤呈祥之意，在墙的两端还会雕有龟、麒麟、云纹等吉祥图案。岭南建筑的镬耳墙墙体呈耳形，象征官帽的两支耳，蕴含有“富贵吉祥、丰衣足食”的寓意，墙体黑色取其五行属水之意，希望其能克火，保护房屋免受火灾。

地域文化是乡镇旅馆创造个性化的一种形式，是乡镇旅馆的设计之源。伴随着现代经济的发展，科技的进步，人们从对物质生活的高要求转变成为对精神生活的高要求。一般的经济型酒店已经不再是游客的首选，经济又有个性的乡镇旅馆自然成为不二选择。

地域文化是乡镇旅馆文化的重要来源之一，乡镇旅馆通过对地域文化的挖掘、分析、提炼，获得地域文化中最重要的文化元素，再通过各种形式表现在空间设计中，展示在旅馆中。地域文化的概念、印象、符号、传说、故事等都可以是发掘的元素。

乡镇旅馆的设计，不仅是为了吸引消费者，更重要的是对传统文化的一种继承和传播。一个成功的乡镇旅馆设计，是一个很好的展示当地文明与文化的窗口。

2.2.3 经济技术特征

建筑是物质的，而技术是产生物质的手段，是建筑中所有物质构成和精神构成得以实现的基础，也是推动建筑发展的根本动力之一。地域技术是人们在长期与自然磨合过程中形成的一种技术手段。它往往具有用最少的人力、物力获得最佳的使用效果的特点。这是一种高效低廉的技术方式，可以适应多种建筑形式，同时也是地方建筑各具特色的原因所在。

建筑的建造离不开形形色色的建筑材料，在现代建筑材料大规模应用之前，建筑材料无不以最经济的方式就近选择。在我国的山区，石材是建筑的主要材料，如西藏的碉楼、太行山区的石头房。在东北地区多林场，当地民居以木屋为主。中原地区多黏土，建筑多以砖砌筑而成，如北京四合院。云贵地区盛产竹子，建筑多以竹子搭建或者是编织。黄土高原干燥多黄土，建筑多以土坯或夯土建造。各地域之间建筑材料的差别直接影响建筑建成之后的视觉形态。建筑材料的地域性也是建筑地域性表达的重要因素。随着经济技术的不断发展，钢筋、混凝土、玻璃、塑料等现代材料普遍应用于现代建筑之中，建筑材料的地域性差异越来越不明显，这些加剧了建筑的趋同化，削弱了建筑本身的地域性。建筑材料的颜色、纹路、质地以及砌筑方式等都会给人以视觉上最直接的感受，所以建筑的地域性首先是地域视觉性的展现。在研究建筑的地域性表达时，应当对当地材料有全面的了解并在设计时充分使用当地的材料。

建筑材料从表面上看影响着建筑建成之后的视觉形态，但从另一角度看建筑材料一开始就从物质层面限定了建筑形态最后的表达。天然建筑材料由于其存在的地域性差异，所以在建造过程中单一地域的建筑材料的种类是存在局限性的，每一地域都有属于自己的建筑材料的组合，如砖木组合、石木组合、生土土坯组合、竹木组合，每一个大的组合又会因材料自身的颜色、纹路、质地的不同产生不同的视觉形态，由此看来，建筑的地域性表达不是由突出了某一地区的特有建筑材料所决定的，而是由地域内的所有建筑材料所组成的整体体系所决定的。

2.3　乡镇旅馆建筑设计要点

乡镇旅馆作为城市旅馆的补充，是以体验乡镇生活和民俗文化为特色的，其在设计中应注重消费者的居住体验和生活品质，同时要以现代城市设计理论为指导，结合当地环境和旅馆特色，营造出舒适和谐的空间环境。

2.3.1　集中式乡镇旅馆建筑特征

1. 集中式旅馆布局类型

集中式旅馆又可以分为水平集中式、竖向集中式和水平竖向结合的集中式。

（1）水平集中式

市郊、风景区旅馆常采用水平集中式。客房、公共、后勤等各部分相对集中，并在水平方向连接，按功能关系、景观方向、出入口与交通组织、体形塑造等因素有机结合。一般水平集中式用地较为紧凑，水平交通路线、管线较长（图2.3.1）。

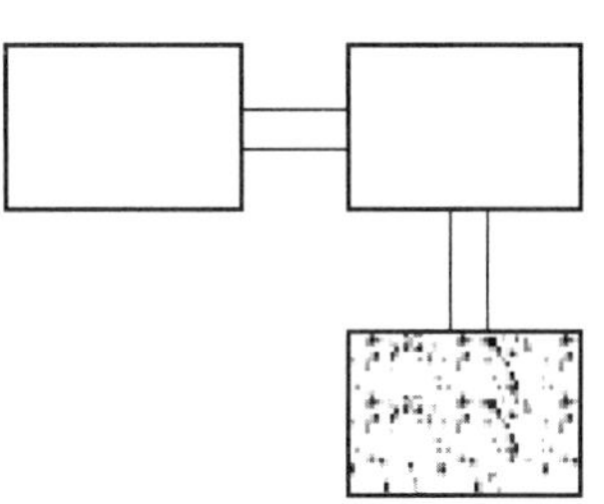

图2.3.1　水平集中式平面示意图（参考：建筑设计资料集）

水平集中式的总体特点是多层或高层客房楼与低层公用部分，以廊水平联系并围合内庭院。这种布局方式在乡镇旅馆中较为常见，尤其是在自然风景优美的旅游区较为多见。

如图 2.3.2 所示长白山风景区某旅馆就是典型的水平集中式布局，靠山而筑，依山而居，公共区、客房区、后勤区分区设置，水平连接，配合地形地貌，营造内院空间。酒店整体风格以充满北美风情的山野村居为灵感，推崇原始与自然。室内设计方面也契合地缘特征，广泛运用木材、纤维、皮革、羊毛等天然原材料，延续室外自然颜色，力求创造一个与周围环境和谐的山宅。

（2）竖向集中式

适用于城市中心、基地狭小的高层旅馆，其客房、公共、后勤各部分在一幢建筑内竖向叠合。这种布局方式会给公共部分大空间的设置造成一定难度，需注意停车场布置、绿地组织及整体空间效果（图 2.3.3）。

图 2.3.2 长白山某旅馆建筑

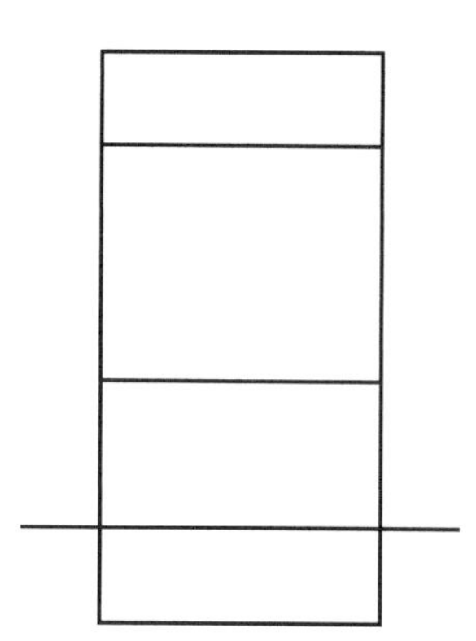

图 2.3.3 竖向集中式剖面示意
（参考：建筑设计资料集）

竖向集中式布局多见于城市高层旅馆，总体绿化、回车面积小。但是在乡镇旅馆中，这种布局方式也很常见。不同的是，乡镇旅馆的功能相对单一，一般首层仅设入口门厅及必要的后勤，餐饮部分根据旅馆规模而定（并非所有乡镇旅馆都有餐饮部分）。公共部分和后勤部分所占比例较小。

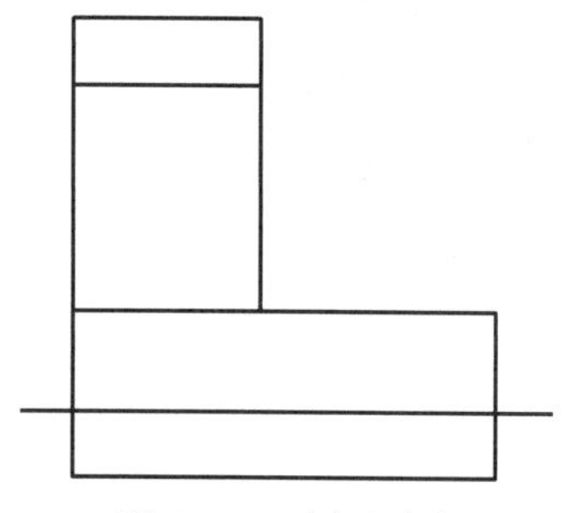

图 2.3.4 剖面示意
（参考：建筑设计资料集）

（3）水平竖向结合的集中式

这是城市旅馆普遍采用的总体布局方式，系高层客房带裙房的方式，既有交通路线短、紧凑经济的特点，又不像竖向集中式那样局促。裙房公共部分的功能内容、空间构成可随旅馆规模、等级、基地条件的差异而变化（图 2.3.4）。

水平竖向结合的集中式一般用于城市高层或超高层旅馆，裙房外有庭园绿化，裙房内设中庭或小庭园。随着乡村旅游市场的蓬勃发展，现在也有很多颇具规模的乡镇旅馆会根据自身定位、所处景区资源等采用此种布局方式。

2. 乡镇旅馆建筑的场所精神

乡镇旅馆大都是依托城镇或由原有村落改建而来，在改扩建或新建规划设计时，应结合凯文·林奇的城市意象五要素（区域、边界、地标、路径、节点），尽量保留原有村落所体现出来的场所精神。

（1）保留原有村落形态（区域、边界）

从生存资源利用方面出发，将村落布局形态分为 4 种类型。

① 土地资源利用型

土地资源利用型村落一般出现在土地资源较为贫瘠的山地地区，在地势平缓处建设房屋、开垦农田。

② 水资源利用型

一般会体现在两个方面：一是生活用水的利用，二是生产用水的利用。村落一般会选择合适的位置沿溪而建、开源筑坝，为整个村落提供生活用水的同时，保证农田灌溉、防洪涝灾害及火灾等。

③ 耕地资源利用型

耕地资源是人们赖以生存的根本资源之一，房屋一般建在土地贫瘠地段，让出肥沃土地供人们耕作。

④ 交通资源利用型

乡村民居多建在邻近道路一侧，交通便利，商业价值突出。

在乡镇酒店设计中，首先应保证原有村落布局形态，再增加相应的配套功能和服务设施。水资源利用型村落内可设水上餐厅、茶室、露天泳池等功能。其次顺应地形地貌，保护农田肌理、溪流水景等田园风光，使人工构筑物与自然环境和谐共生。土地资源利用型村落可结合山地景观、打造特色农家田园景观。最后结合地形和村落形态，设置果园、菜园、茶园区等农事体验用地，为游客提供多层次、多元化的游憩体验，延长滞留时间，增加游客对乡村酒店的认同感。

（2）塑造个性公共空间（路径、节点）

根据村落空间形态和活动方式，可将公共空间分为点、线、面三类。

① 面型空间

一般位于村落公共建筑入口处，属于村落节点，大型村落可能有多个村落节点。经过改建后的面型空间可作为民俗风情展示区或体验区，也可作为手工艺品售卖区或制作区。

② 线型空间

一般是村落内的巷道空间，主要是满足通行需求。传统村落巷道空间尺度的适宜性，促成了其良好的邻里关系和舒适的行走尺度，因此乡村酒店在改建时，应在满足消防的基础上，尽量保留传统巷道空间的特点。

③ 点型空间

点型空间可分为两部分，一部分是单体建筑围合而成的院落空间，另一部分是多栋建筑围合而成的偶发性空间。建筑的围合形式和体量组合应尽量体现当地特色，以底层小体量为主，保持传统建筑风貌和亲切宜人的尺度。

另外，村落内应布置大量休憩、交往等停留空间，增加场所感。建筑单体应适当结合当地的地形地貌和气候环境，并做出相应的挑檐、错层、退台等空间，增加建筑空间的丰富性。

（3）采用当地建筑材料

我国传统建筑大都就地取材，因此形成了沿海地区的海草房、山地地区的木构建筑和石砌建筑、平原地区的夯土建筑和砖墙建筑等。建筑的材质即建筑的外衣，是建筑呈现给人们观看的最直接形式，在设计中应尽量使用当地材料，融合当地的建筑风格，这样不仅可以唤起当地人的记忆，使其对现在居住的场所有一种认同感，而且还能够与周围环境充分融合。

3. 乡镇旅馆布局特征

（1）乡镇级中心旅馆布局特征

乡镇级中心旅馆一般为本镇区规模较大、功能完善的旅馆，通常在底层部分设置餐饮、娱乐等功能空间。由于旅馆功能相对完善，服务设施较好，投资、运营成本较高，在乡镇旅馆中的等级也相对较高。多有以下布局特征：

① 场地较为开阔，建筑体量较大，主体建筑一般居中布置，建筑形象突出，具有吸引力，附属用房体量一般较小，以突出主体建筑的重要性。

② 功能较为齐全，满足休闲娱乐、会议、宴会餐饮等功能，各功能部分采用集中式竖向叠加的组合方式，充分利用垂直空间分配功能区域。

③ 室外景观环境设计一般以主入口广场为核心，绿化景观一般呈混合式布局，常采用水景，如叠水、小瀑布、小喷泉等烘托入口气氛。

图 2.3.5　北方某镇中心宾馆

乡镇旅馆由于用地、经济、使用需求等方面因素，多数为多层建筑，也有个别规模、等级较高的高层旅馆建筑。各功能部分采用集中式竖向叠加的组合方式，充分利用垂直空间分配功能区域。

如图 2.3.5 所示旅馆是一家集客房、餐饮和娱乐于一体的现代宾馆，其中有体育馆、会展中心、商务中心、娱乐中心、超市、品牌服装展区、数字电视、程控电话、宽带上网、大型停车场等服务设施。该旅馆用地开阔，拥有宽阔的入口广场，便于集散。建筑采用非中心对称的布局，立面设计虚实变化富有韵律，整体风格偏现代。

（2）旅游区周边及景区内部旅馆布局特征

在风景旅游区周边及景区内部的乡镇旅馆，选址极为重要。选址与景区主入口、主要景观区的距离越近，其商业价值越大，景区内部的酒店则是商业价值最大化的体现。

① 选址一般与景区关系密切，多位于景区周边或景区内部。

② 场地用地较为紧张，建筑体量一般不会太大，中小规模居多，大多为多层建筑。有的 AAAAA 级景区会有大品牌连锁酒店。

③ 通常功能流线较为简单，一般仅提供住宿＋早餐；旅馆的餐饮部分一般独立营业，实现经济效益最大化。也有些自然风景区适合小住几天体验世外桃源生活，其内部会设置一些功能较完善的集体验、娱乐、休闲于一体的旅馆。

如图 2.3.6 所示宁波五龙潭风景区内的集中式旅馆就集大堂、儿童玩乐区、客房、餐厅等休闲设施于一体，敞开式空间与观水露台无不体现静居文化。酒店外观以灰色基调的外墙为主，搭配凸出来的黑白色块，几何体的穿插组合颇具现代感。

④ 建筑造型一般会与所处位置地理环境、风貌特征取得协调统一的关系。

（3）快捷、商务旅馆布局特征

图 2.3.6　宁波五龙潭风景区内旅馆建筑

乡镇的快捷、商务旅馆一般位于镇区的主街道两侧或车站附近，规模相对小、功能相对单一。从经济利益最大化的角度考虑，这类乡镇旅馆的 1～2 层多做沿街商铺，沿街商铺的经营项目多为餐饮、便利店、水果店、美容美发等业态，既能营造商业氛围，又可作为旅馆的功能补充。这种旅馆的投资、运营的成本也相对较小（图 2.3.7）。

图 2.3.7　北方某乡镇商务旅馆
首层设旅馆主入口门厅，其余为沿街商铺，
二层为餐厅，三至六层为客房。

① 选址一般临街，位于车站附近、主街两侧居多。

② 用地较紧张，一般没有太多的绿化景观设计。建筑体量一般不会太大，中小规模居多，大多为多层建筑。

③ 功能流线较为简单，一般仅提供住宿。

④ 建筑造型较简单，一般偏现代风格。

⑤ 部分此类乡镇旅馆由旧建筑改造而成，设备设施不够完善。

⑥ 拥有风景旅游资源的乡镇，此类旅馆可作为景区旅馆的资源补充，带动当地经济发展。

4. 地域性特征

世界上没有抽象的建筑，只有具体地区的建筑，建筑是有一定地域性的。受所在地区的气候条件、地形条件、自然条件以及地形地貌和城市已有的建筑地段环境的制约，建筑会表现出不同的特点，如南方建筑注重通风，轻盈通透，而北方建筑则显得厚重封闭。

建筑具有地域性差异的原因很多，主要受当地气候、主要生产方式、文化背景、宗教信仰等方面影响。

（1）地域性建筑创作的影响因素

在满足基本使用功能的前提下，各种客观和主观因素的综合作用形成了地域性建筑丰富多彩的空间形式。任何地域性建筑，其创作基础都是对当地环境与文化的尊重，其本身的特点是时间、空间、艺术、文化在当地空间形态上的反映。

① 自然环境因素

自然条件对建筑形态有很大的制约和影响。我国自然地理条件复杂，区域气候多变，在漫长的历史中，各地人们通过反复实践，以丰富的建筑技术和营造经验营造出了各具特色的地域性建筑。

② 历史文化因素

不同的文化观念决定了不同的居住形式和空间形态，各地特有的人文环境，孕育了不同的文化特性和技术个性，影响着当地建筑的形式、演变和发展。地域性建筑涵盖了当地的社会组织结构、哲学美学、宗教信仰、民俗风情等，包含着丰富的人文信息。

③ 技术经济因素

建筑是物质的，而技术是手段，是建筑中所有物质构成和精神构成得以实现的基础，也是推动建筑发展的根本动力之一。地域技术是人们在长期与自然磨合过程中形成的一种技术手段。它往往是一种高效低廉的技术方式，可以适应多种建筑形式，同时也是地方建筑各具特色的原因所在。

（2）地域性建筑创作的常用设计手法

具有地域性的建筑，从来不可能与本地区的自然环境和社会环境脱离，本地区的自然环境及社会环境正是地域建筑的逻辑基础。自然环境的限制在地域建筑的形成和发展过程中往往起到首要性的决定作用，然而，具有相似自然环境特征的不同地区的地域建筑却表现得多姿多彩。所以，构成一个地域性建筑的要素是复杂而多样的，一栋建筑往往是在环境条件的限制下，人们进行综合选择后整体建构的过程，其中的要点很难分解出来单独研究。

① 化整为零，消解体量

以点式布局来分解体量。点式布局的优点在于，客房楼一般为两至三层，高度不大，不阻挡景观视线，同时由于点式客房一般体量较小，对山形地貌的破坏不大，而且由于小巧灵活，能够在环境要求较高的地区自由布局，对坡度较大的山地地形也有较大的适应性。也可以通过消解大型旅馆建筑体量的方式来提高建筑与环境的融合度。

② 顺应地形，自由布局

将环境的地形特征作为建筑创作构思的起点，是我国当代旅游建筑最早探索地域性的创作模式之一。以 1982 年建成、由贝聿铭先生设计的北京香山饭店为主要标志，其将西方现代建筑法则与中国传统园林营造手法相融合的设计理念，对当时及以后的建筑创作都产生了极大影响。

③ 与自然景观互动

风景区中的旅馆布局不仅应随基地条件、旅馆规模与性质的不同而变化，还应争取良好景观、提高环境质量，给客人创造出舒适的环境，使客人获得愉悦的精神享受。

（3）东北地区建筑的审美特点

① 方正直白的地域观念

东北地区的建筑布局多采用平实直白、大开大合的空间形式，这与东北人豪爽、耿直的性格有关。东北地区场域观念的直白体现在多方面，从城市广场空间到建筑单体空间形态，多以完整的矩形为母题，基本不作形状上的变化，而空间的布置和划分也受到了中国传统建筑追求轴线、对称、均衡等设计原则的影响。

② 粗犷阳刚的体量特征

东北审美艺术也以粗犷质朴为传统。尽管东北人同样也具有粗中有细、柔中带刚的性格特征和审美倾向，但正如个性永远代替不了共性一样，作为一个地区的基本文化形态，东北地区的建筑风格仍然趋向于厚重、粗犷，强调体块，追求表现阳刚之美。

③ 率真质朴的装饰取向

建筑装饰是借助于实物、绘画、雕刻等形象化的手段，传达特定的信息和意义的建筑外显特征。建筑装饰具有表达能力强，较为感性和外露的特点。因此，装饰在许多情况下，对于表现建筑的风格个性或民族性、地域性有重要的甚至是决定性的作用。地域性的建筑装饰，其内容、形式、色彩是地域性自然环境、文化和技术经济的综合反映。因此，不同地域的建筑装饰既具有其自身的意义，也是地域文化的重要象征。

（4）东北地区乡镇旅馆的地域性建筑文化特征

东北地区传统乡土建筑对当代东北地区地域性建筑文化的形成具有很大的启发作用，也影响了各类型建筑造型的发展，乡村旅馆也不例外。在独特的地域文化的影响下，乡镇旅馆形成了独特的地域性建筑文化特征。

① 朴素的环境应对意识

东北地区的村落选址与中国大部分地区相似，遵循背山近水的基本原则。由于冬季盛行寒冷的西北季风，村落选址以南低北高的向阳坡地为佳。为了满足漫长冬季的日照采光需要，建筑大多坐北朝南，并将主要出入口设在南面，北面通常是宅后空地或仅开一道小门。多数村落中的主要道路大多沿东西向呈带形分布，住宅两侧紧密连接，较少有临街对面布置的情况。南北向的道路较少，主要起辅助交通作用。尽管气候使得建筑的室内空间需要封闭，但在主观观念上，东北地区的民居一贯注重建筑与环境的联系，院子十分开放，通过种植树木形成与自然环境的对话。直来直去的开门方式，以及通过开窗将室内的活动中心火炕空间，与室外环境直接连接起来的办法，都使室内外的关系呈现出紧密的状态。乡土建筑作为典型的没有建筑师的建筑行为，呈现出一种原生态的地域特点。它们的形式是原始的，设施是简陋的。长期以来，这些建筑形式变化不大，它们最大限度地与大自然融为一体，建筑语言返璞归真，具有粗犷、原始、混沌的特质。

② 实用的低成本技术思想

对东北地区的南部民居，《奉天通志》有详细的描述："正房二间或五间，或于二间之东首接盖一间者曰'耳房'，东西各有厢房，配以门房，俗曰'四合套'。房皆起脊，旧俗俭约，多用坯土砌成，近侧两山及前后皆用砖石，椽上盖以苇笆或林秸，上覆稗草，铺置平整，名曰'硬山房'。"我国北方各地农村冬季还有地炉、火墙等其他多种取暖方式。地炉的炉子是落地的，既可取暖，也可烧水、做饭。

③ 俭省的崇实文化内涵

"不是作为上层建筑的文化选择了材料，而是作为经济基础的材料造就了文化。"对地方材料的精妙组用及相应的工匠技艺是一种长期的历史积累，这其中的意义在于它们已经从为了对付物理的和生物的环境而发展成为可以传承和寄托情感的文化传统。相对于现代工业技术，它们在这方面的特质对人类文明而言有着更为重要的价值。

（5）外来建筑文化对东北地区建筑文化的影响

东北地区近代城市是在19世纪下半叶，由于西方资本的逐步输入和中东铁路的修建而在辽河流域、渤海沿岸和铁路沿线兴起并发展起来的。中东铁路开通后，资本主义的殖民势力深入整个东北地区，在加速原有自然经济解体的同时刺激了工商业的发展，西方文化汹涌而入，使东北地区社会生活开始呈现多层面多样化的特征。一些城市与建筑的功能和形态产生了新的变化，殖民地半殖民地色彩浓重，较重要的城市都不同程度地带有西方城市文化的影子。表现在建筑上便是新的建筑功能空间需求，"以不变应万变"的传统民居此时已无法适应丰富的社会生活功能。为满足新的生产生活功能，人们不得不求助于西方建筑文化，或全部引进西方建筑型制，或结合本地政治、经济、地理、文化等环境进行加工取舍。如采用西方的空间布局而冠以传统形式，融汇中西创造出中西合璧的新建筑，局部采用西方建筑语汇等，逐渐形成了一种既区别于西方建筑又区别于中国传统建筑的中国近代建筑文化。

（6）当代东北沈阳建筑景观特征

地域气候条件与建筑文化的演替关系十分密切。东北地区位于北方寒冷地区，建筑设计考虑更多的是防寒与节能，由于气候寒冷，人们的交往活动多在建筑内进行，因此，建筑有较强的封闭性；另外，考虑寒冷气候的建筑节能，建筑立面大量采用实墙，建筑体形系数小，造型简洁厚重；为了防止灰尘和空气污染对建筑外饰面的影响，绝大多数建筑采用浅色瓷砖作为外墙装饰，建筑色彩过于单一，景观单调。这些地域气候条件使得沈阳的建筑景观具有非常明显的地域性特征。近年来沈阳空气质量有明显的好转，许多建筑外墙选用涂料饰面，色彩也趋于多样，冬季寒冷的沈阳由于建筑景观的丰富色彩而有了更浓的生活气息。

5. 乡土性特征

根据建筑师创作时对地域特性和文化精神理解的不同，从场地、气候、自然条件及传统习俗和都市文脉中思考当代建筑的生成条件与设计原则，可归纳为批判地域主义、生物气候地域主义、当代乡土、广义地域主义四种理论。

在这四种理论中，乡镇旅馆的地域性，主要偏向当代乡土和广义地域主义这两种理论。当代乡土强调回应地方传统特征，并将其物化为反映当地价值观、文化和生活方式的新形式。

当代乡土创作倾向的识别要素主要有两个：一是提炼本地区的传统建筑形式，强调文脉感，并拓展为现代用途；二是重视乡土技术和材料的审美独特性。

国内乡镇旅馆的乡土性特征主要表现在：

（1）建筑形象的乡土性。乡村酒店作为乡镇主要的建筑类型之一，它表达了当地的风土人情和民俗文化，其形象应与该地的乡土气质相符，以让游客有一种身临其境的场所感。

贵州修文县六屯镇大木村乡村客栈坐落于村子里（图2.3.8），是现代新农村乡村旅游的载体代表。建筑体量不大，集中式布局，三层，白墙灰瓦表达出当地朴素的建筑风貌和民风。屋脊的翘角是对贵州传统建筑样式的致敬，出挑的阳台、木制的护栏，处处透露出古朴、宁静，与当地农村的气质相符合。

（2）建筑空间和功能的乡土性。乡镇酒店在建筑尺度、公共空间的设置上，都要与周围建筑尺度和空间形态相协调，无论体形还是建筑风格，都不能过于突兀。

如本托塔海滩酒店采用向外悬挑等传统地域手法（图 2.3.9），暗示已消失的古代宫殿、中世纪庄园住宅和殖民别墅。

图 2.3.8 修文县六屯镇大木村乡村客栈

图 2.3.9 本托塔海滨酒店

蒂涅是法国罗讷-阿尔卑斯大区萨瓦省的一个城镇，坐落于阿尔卑斯山脚下，是世界著名的滑雪旅游胜地。得天独厚的自然条件造就了小镇的旅游产业，乡村旅馆也因此蓬勃发展。蒙塔纳乡村酒店采用的两坡顶、木结构，与山地地形地貌符号一致（图2.3.10）。

黄山黟县的沃阁驿墅·宏村水墨里酒店四周被农田包围，犹如生长在田野里的城堡。酒店建筑尊重当地民房的原有结构，每一栋建筑外观都带着徽州固有的建筑特色（图 2.3.11）。

图 2.3.10 蒙塔纳乡村酒店（法国蒂涅）

图 2.3.11 沃阁驿墅·宏村水墨里酒店

在这里，我们着重分析一下东北地区的乡土个性建筑文化。

与中原地区相比，东北地区一个突出的特征是多民族背景，而且多民族的共居又是历时性的，从古至今都是如此。在东北地区，村民自建的乡土建筑秉承了一贯的质朴气息，这种自发自为的原生特点，使得乡土建筑成为一种最为典型的地域建筑形态。

东北地区的乡土建筑有着鲜明的个性特征，“高高的、矮矮的、宽宽的、窄窄的”，这四个形容词形象概括了东北地区传统民居科学合理的尺度关系。“高高的”是指房屋的台基要高，“宽宽的”是指南窗要宽大。台基高了不仅能防积雪、保护基础，还能使人们的视野开阔；加上宽宽的南窗，可以使人们享受更多的日照。“矮矮的”是指房屋室内的净高要适当低些，“窄窄的”是指房屋的进深应该窄些、小些，这样有利于居室的采光和防寒保温。此外，东北地区民居另一大特点是院落较为宽敞，占地面积普遍较大，房屋在庭院中布置得较为松散，其原因一是东北地区地广人稀，建宅时可以多占土地；二是冬季寒冷，厢房与正房错开可以为正房多争取些日照。

东北的乡村旅馆由于气候原因，很多也是单层，建筑形式、体量与传统东北民居颇为相似，注重防寒保温的同时，建筑形象也多自然、质朴、大方（图 2.3.12）。

6. 广义地域主义

我国是一个多元文化共生的国度，幅员辽阔的土地上，地域文化对建筑创作影响很大。广义地域主义创作倾向以新材料、新技术，结合地域特殊的自然、文化因素，在继承和保护地域传统建筑的基础上，采用多样化的形态和技术策略，最终实现人与自然的和谐、技术与文化的共生。

广义地域主义创作倾向的识别要素主要有 4 个：

（1）强调场所精神的深层提炼、各种材料的灵活使用、建造和施工方法的多元性。

依托长白山宝贵的自然资源和风景旅游资源（图 2.3.13），吉林长白山某温泉酒店旅馆采用坡屋面象征山的形象，采用与自然环境契合度高的木材、石材为主要材料，实现建筑与场所环境的高度融合，同时又综合利用现代语言符号和技术，打造出适合该场所的韵味独特的建筑风貌。

图 2.3.12　东北某乡村旅馆

图 2.3.13　吉林长白山某温泉酒店

（2）自然、人文和技术特色的多元性，同一地域艺术语言的多样性和不同地域的混同化。

满洲里地处中俄蒙三国交界处，其特殊的地理位置以及少数民族聚居，形成了特有的自然风光和人文特色。其建筑风格受蒙古族传统建筑、俄罗斯建筑的影响，体现了非常强的多元文化的包容性（图 2.3.14）。

（3）强调式样的适度继承、文化观念的适度创新，以及生态环境的巧妙利用。

云南西双版纳建筑风格独树一帜，其现代城镇旅馆建筑也保有这种特点（图 2.3.15）。而云南的另一个美丽的地方大理洱海边上的旅馆建筑（图 2.3.16），也在保留大理传统建筑样式的基础上，巧妙利用了周边的生态环境。

图 2.3.14　满洲里某旅馆建筑

图 2.3.15　西双版纳某旅馆

（4）注意高、中、低技术的灵活性，使用的一贯性。

厦门鼓浪屿因其美丽的海岛风光闻名于世，有很多异域风情的美丽的老建筑。几十年乃至上百年的老房子，承载了历史的风风雨雨，也沉淀了深厚的历史文化。利用这些老房子改造成的旅馆，整体体量不大，功能完整独立，但是也相对单一。建筑外部造型各异，特色鲜明，可识别性高（图 2.3.17）。

图 2.3.16　洱海边的旅馆建筑

图 2.3.17　鼓浪屿的家庭旅馆

7. 建筑立面及造型特征

彭一刚先生在《建筑空间组合论》中提及：建筑物的外部体形是怎样形成的呢？它不是凭空产生的，也不是由设计者随心所欲决定的，它应当是内部空间的反映。有什么样的内部空间，就必然会形成什么样的外部体形。建筑的内部空间取决于功能，也可以简单地理解为：功能决定形式。当然在现代建筑技术和建筑理念快速更新的情况下，有些方面会有所突破，但是大的原则不会背离。

中国传统建筑历史悠久，影响深远。自西方建筑传入中国后，传统和创新的问题，一直是中国建筑师的重大课题。在 20 世纪 20～30 年代，对传统的继承就以“中国固有之形式”出现，新时期则在更深的层次进行了探索。有的建筑师认为应全部扬弃中国传统建筑风格以突出时代感，有的建筑师则以不同方式表达了继承和发扬中国优秀建筑传统的意愿，并付诸实践，创造出现代化和民族化、地方化相结合的建筑。20 世纪 70 年代以后，新本土（地域）风格首先在对外旅游等领域开始探索。

乡镇旅馆作为旅馆建筑的一种类型，其造型和立面设计遵循着旅馆建筑的大的原则和方向，但是由于其地域、定位、环境等因素的不同，又与城市旅馆有着或多或少的区别。

（1）现代建筑风格

小城镇和乡村的建筑造型和立面设计，很多还是沿袭城市建筑的设计理念，将城市建筑中流行的造型构件或者形式运用于本土建筑中，也是乡镇追随城市潮流的一种表现。

乡镇旅馆的立面特点基本以点窗为主——毕竟大面积的玻璃幕墙造价比较高昂，而且在乡镇地区这种“高技派”也会显得与周围环境格格不入。但是乡镇旅馆会在一些小构件如阳台、线脚、空调板等位置做一些造型或者使用一些现代材料凸显气质。

丹东某乡镇旅馆（图 2.3.18），整体建筑平面突破简单的一字型，建筑高度和形体也做了一些变化，首层的入口采用斜向的墙体来突出和强化，同时转角落地玻璃和阳台的玻璃栏板也给这座淳朴的乡镇旅馆，增添了几许时尚意味，但并不显得突兀。首层外墙的材质和颜色与二层以上部分区别较大，白色和米色的对比也恰到好处，暖色系打造的温馨的建筑气质与旅馆的定位较为吻合，整体建筑立面、外墙颜色、坡屋面造型与所在环境结合也比较好。

（2）传统建筑风格

① 传统建筑元素符号的运用

中式传统建筑元素符号在旅馆建筑中运用非常广泛，通常与地域历史文化和传统民居样式相通。

如图 2.3.19 所示安徽黄山某乡镇酒店，现代建筑材料与传统马头墙组合，白色石材墙面、黑色线脚配合现代金属、玻璃的组合运用，让传统建筑符号在新建筑中重新焕发生机，无形中赋予新建筑以历史文化传承感，并具有鲜明的地域特色。

图 2.3.18　丹东某乡镇旅馆

图 2.3.19　安徽黄山某乡镇酒店

乡镇旅馆建筑经常会使用坡屋面、飞檐翘角等中国传统建筑元素和符号。其他一些古典建筑元素符号也会在乡镇旅馆建筑中应用，并且会根据地域、民族不同，作出局部变化。

如图 2.3.20 所示的江苏某镇旅馆建筑，弧形的拱券、水平的线脚等古典元素与现代玻璃幕墙、木制格栅和谐结合。而红河哈尼族自治州某镇旅馆建筑（图 2.3.21）除拱形窗外，主入口立面颇具地域民族特色的尖角拱形玻璃幕墙，成为一个显著的符号。

图 2.3.20　江苏某镇旅馆

图 2.3.21　红河哈尼族自治州某镇旅馆

② 建筑材料的选取

充分发挥地方资源及材料的优势，就地取材，是传统地域建筑重要的营造特色。材料是构成建筑地域特色的物质要素，它与建筑结构形式的选择、空间形态的形成以及装饰风格特点等密切相关。在长期实践中，木材是最为常用的建筑材料。建筑营建中也常综合运用土、草、竹、石等自然材料和土石加工形成的砖石材料。

(3) 民族、地域特色元素特征

① 民族、地域特色元素符号的运用

我国是多民族国家，民族特色在建筑尤其是乡镇旅馆建筑方面表现非常明显。

四川阿坝是藏族羌族较为集中的区域，其建筑风格也沿袭了藏族和羌族建筑的民族特色。如图 2.3.22 所示阿坝某乡镇旅馆，四层的建筑，采用矩形体块的组合，在建筑两端做了体块的凸出变化，大雨篷突出入口形象。建筑立面采用偏温暖的大地色系，这与当地少数民族的喜好相关：朱红色是藏族和羌族文化中常用的色调。窗上沿使用藏族传统建筑中常用的装饰构件。整栋建筑体量不大，但是浓厚的民族和地域色彩，使其身份特征非常鲜明。

又如图 2.3.23 所示的西藏某乡镇旅馆建筑，整体风格偏现代，白色瓷砖和大面积玻璃窗，形体简洁且有凹凸变化，旅馆檐口做了一点细部处理，藏族传统建筑檐口构件一下子就凸显了建筑的民俗特点。

图 2.3.22　四川阿坝某乡镇旅馆

图 2.3.23　西藏某乡镇旅馆

新疆建筑民族特色也是非常明显和突出的。如图 2.3.24 所示阿勒泰地区的某小镇旅馆，土黄和白色的外饰面，宁静温馨，屋顶的小尖顶和窗子的发券以及线脚的花纹，都是当地民族和地域特有的建筑语言符号。

蒙古包的缩影——穹顶和回字纹以及其他花纹，是蒙古族建筑常用的语言符号。如图 2.3.25 所示阿拉善盟的一个乡镇旅馆建筑，主色调是蒙古族人民最喜欢的蓝天白云，配上极具民族特色的装饰花纹，整体的建筑形象非常生动。

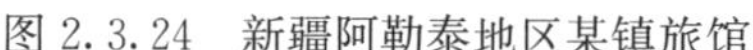

图 2.3.24　新疆阿勒泰地区某镇旅馆

图 2.3.25　内蒙古阿拉善盟某乡镇旅馆

② 建筑材料的地域性特色

建筑的材质即建筑的外衣，是建筑呈现给人们的最直接形式，在设计中应尽量使用当地材料，融合当地的建筑风格，这样不仅能够唤起当地人的记忆，使其对现在居住的场所有一种认同感，而且还能够与周围环境充分融合。我国传统建筑大都就地取材：沿海地区的海草房、山地地区的木构建筑和石砌建筑、平原地区的夯土建筑和砖墙建筑等。

2.3.2　分散式乡镇旅馆建筑特征

这里从基地选址、功能布局、空间营造、立面形态和文化塑造五个方面来分析分散式乡镇旅馆的特征。

1. 基地选址

分散式乡镇旅馆的基地选址主要考虑有良好的自然人文环境、配套齐全的基础设施、稳定的客群来源三个因素。良好的自然人文条件指乡镇旅馆所处的自然山水环境优美，且具有浓厚的田园风情，最为重要的是选址所在地有保存完好的传统民居聚落，为分散式乡镇旅馆提供良好的空间载体；配套齐全的基础设施指便捷的区位、完善的交通路网、稳定的供电供水网等基础设施，这些硬件的配备是乡镇旅馆功能作用发挥的必要条件，同时也能改善当地居民的生活质量；稳定的客群来源是维持乡镇旅馆经营运转的基础。

根据分散式乡镇旅馆与民居聚落之间关系的不同，可将其分为中心式与周边式。中心式是指乡镇旅馆处于民居聚落的中间位置，环境静谧，但景观视线受阻，且不易找寻，这种模式可避免周边交通车辆的干扰；周边式是指处于民居聚落与周边环境交接处，与外界接触较多，位置导向性强，能将优美的田园风光尽收眼底。

小有河是位于河南济源王屋山麓的狭长河谷，具有完整的自然生态与农业聚落留存。规划通过文化旅游的推动，利用原有地形、建筑类型与夯土结构，将废耕的农地转化为生态与文化旅游性质的旅馆聚落。小有河东岸的旅馆设计，结合空置的宅基地与阶梯的田园纹理，以四栋荒废的三合院农宅作为设计的起点，通过形态的围合与完善、复制与变形、延展与转折，将内向型的合院开展为与溪谷山形对话的线形序列空间，沿着等高线向南北两侧的地景延展（图 2.3.26）。

图 2.3.26　小有河东岸民宿旅馆鸟瞰图

陌领融郡精品度假酒店位于杭州龙坞的茶山田园之间，这里青山纵横、茶田广袤，优美的自然环境奠定了项目浓厚的美学基调。设计师从自然环境中汲取灵感，利用感性又艺术的设计语言，与当地自然和文化形成对话。基地保留了现有茶田肌理和地貌走势，总体的空间布局依据传统街区的空间节奏展开，以模块化的方法形成基本单元，将传统建筑的语言进行现代化转译，进而组成具有聚落的半围合感“商业街区”。面对地块独特的自然资源，设计师以“人、自然、生活”为命题，提出了“自然生活为景、人文艺术为芯”的生活理念。设计师希望通过自然景观和艺术文化、纯粹质朴的村落文明和细腻精致的建筑构造的融合，让陌领融郡成为城市生活和乡村体验的混合体，探索一种崭新的未来近郊度假生活形态的可能性（图 2.3.27）。

新昌安岚坐落于浙东唐诗名城——浙江省绍兴市新昌县 AAAA 级风景名胜区穿岩十九峰内，独享 4.5 万 m^2 韩妃江侧旖旎的峡谷风光，背倚浑然天成的陡峭山石，面朝韩妃江潺潺溪流。以“雅、幽、奇、险”为特色的峰林型丹霞地貌将酒店层层包围，山间竹木蓊郁，成片的茶园小径绵延，山谷曲水回环，或飞瀑流泉，或小溪碧潭，灵动点缀其间。移步易景，浙东秀丽的山水风光与错落有致的酒店建筑完美相融（图 2.3.28）。

2. 功能布局

（1）夹院型：集中式布局，虚实相间

建筑集中布置于场地内，但是建筑和其外部空间的关系呈现出更丰富的空间关系。庭院并不只是建筑和外部空间的隔离，也是建筑单体之间的联系。该布局模式可显著地缩小

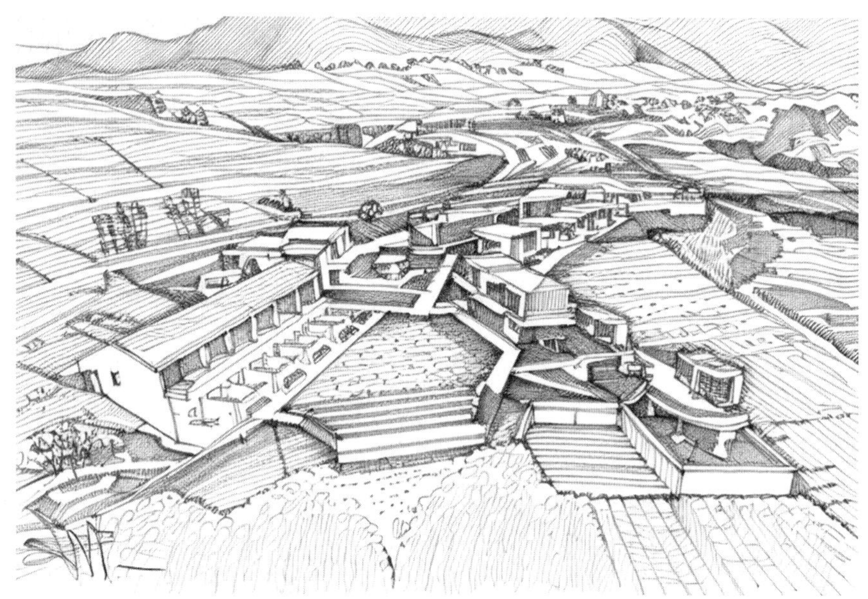

图 2.3.27 陌领融郡精品度假酒店鸟瞰图

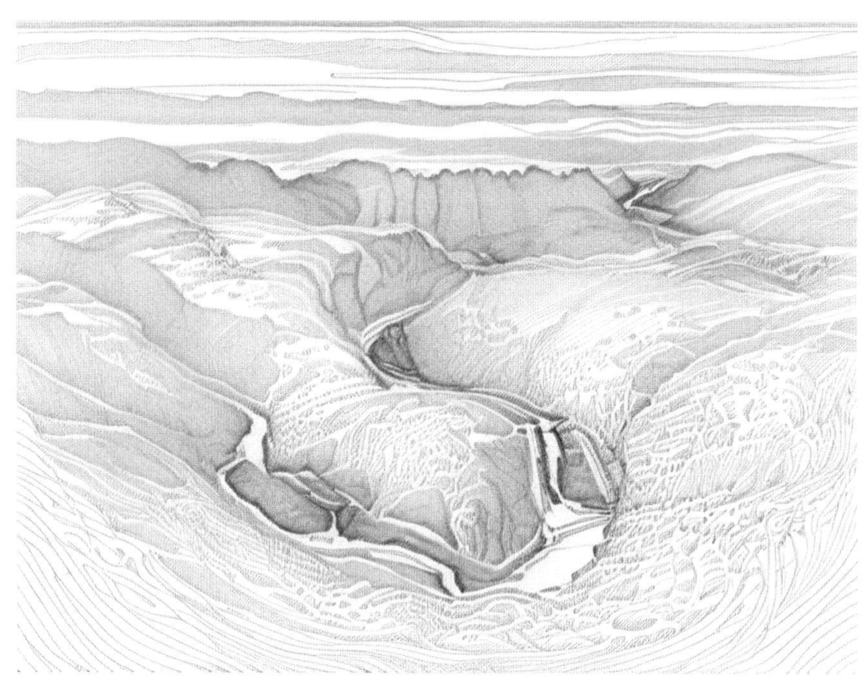

图 2.3.28 绍兴新昌安岚度假酒店鸟瞰图

建筑的体量感，创造更丰富的室外空间。采用该布局方式的清境原舍一期，其建筑体量尽量沿袭拆除前旧建筑的布置方式，即建筑呈线性靠北布置，保留了南向的室外场地，也使主要建筑和道路脱开了一定的距离。原有的单个长体量被切分为五个建筑单体，彼此之间适当扭转和疏离，适应新的功能，同时消解建筑的体量感。唯有西边第二个单体向下抽出并旋转了 90°，创造出两个不同朝向的庭院，增加空间趣味，使人们在道路上可看见其中一栋民宿的檐口立面，适当增加建筑的存在感。

（2）散置型：分散式布局，虚大于实

使用该总平面布局方式的民宿，单体与单体之间距离较远，彼此之间通过建筑形象和标识设计建立起视觉记忆上的联系。外部的村落道路成为民宿的交通空间。该布局方式常见于经营者从一栋房屋开始营建民宿，而后逐步拓展民宿的单体数量，却无法找到邻近的可出租地块或房屋，于是在村落内其他位置寻找可租的房屋进行改造。

分散式乡镇旅馆建筑多以改扩建类为主，延续了传统围合或者半围合式的院落式布局，层数多为 1～2 层。院落的布局形态是中国传统民居的一大特色，承载着中国自古以来的传统文化和人文情怀，是一种场所的特性标志。院落空间承担着居家活动的空间转化和交流场所的作用。院落空间事实上是一个极其灵活、可塑性很强的空间单元。

传统民居形态下的乡镇旅馆功能布局受到原有的传统民居功能布局形态与乡镇旅馆建筑功能需求的共同影响。传统民居形态下的乡镇旅馆主要有以下四种功能布局特点：

功能延续：对原有的传统民居的格局及具有纪念展示意义的功能单元进行原样保留。一些传统民居功能格局讲求“方正”“对称”的基本布局原则，体现了传统礼制对物质形态的影响，保留整体的功能格局有利于延续建筑中蕴含的文化传统与精神内涵。如民居的厅堂空间和“天井”空间是传统民居中具有象征意义的功能单元，对其采取原样保留的方式一是可以作为生动的文化展示窗口，二是可继续发挥其相关功能作用。

功能置换：对原有传统民居中与乡镇旅馆部分功能属性接近的部分进行合理置换。民居中的卧室置换成为顾客提供住宿功能的客房，厅堂置换成公共休闲空间，但一般要进行升级改造，如在原有民居卧室加入独立的卫生间，对原先的厅堂家具布局重新进行设计布局等。

功能植入：乡镇旅馆建筑与传统民居相比较，服务的人群类型、数量、行为方式都有很大的差异性，因而需在原有民居功能基础上植入部分新功能。植入的功能分为两类。一类是必要性的辅助功能，如公共卫生间、厨房、员工休息室、布草间、杂物间等辅助功能单元，一般位于主体建筑中的边角位置或是在旧建筑周边的扩建部分，尽量与主要使用功能分隔，以免产生干扰；另一类为依据当地的特色及主人自身的喜好植入的特色功能，如书房、茶室、棋艺室，此类功能的植入提高了乡镇旅馆的文化内涵和功能的可体验性。

适度扩建：在保持原有传统民居状态下适当进行扩建，通过水平及垂直的分区方式实现动静、洁污分区。主要是由于原有民居的规模无法容纳乡镇旅馆建筑的复杂使用功能要求，扩建部分主要是辅助使用功能如杂物间、厨房、公共用房等（图 2.3.29、图 2.3.30）。

在乡镇旅馆功能布局中，除了以上四项特征外，垂直交通的转变也是其重要的一个方面。垂直交通的转变体现在两点：一是位置根据功能需要会发生变化，加强垂直交通使用的便捷性与引导性；二是楼梯形式与尺度的变化，过去的民居楼梯过于陡峭，存在安全使用上的缺陷，改变楼梯形式重置楼梯，降低踏步的高度，提高安全性。

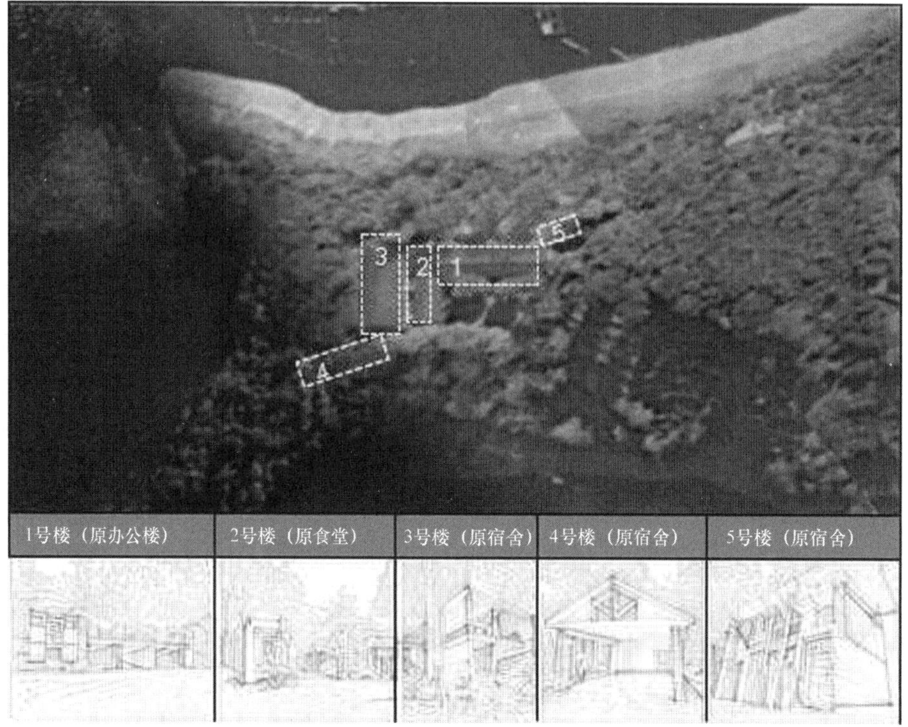

图 2.3.29 斯途·凤凰屿民宿原始场地鸟瞰

单看建筑，现状建筑在场地上呈“之”字形展开，现有空间体验较为单调；将观察范围扩大到整个场地，场地内许多高大的水杉树与建筑共同围合出了一处静谧、内向且边界柔软的院落，令人印象深刻。因此我们希望用一个回廊空间，去加强这种内向的场地气质，让更多的住客能够感知到这个内向宁静的空间氛围；在回廊中心设置了一个镜面水池，希望通过水面的倒影，向住客揭示庭院上方的空间，引导住客的视线向上观察高大水杉的挺拔之美。

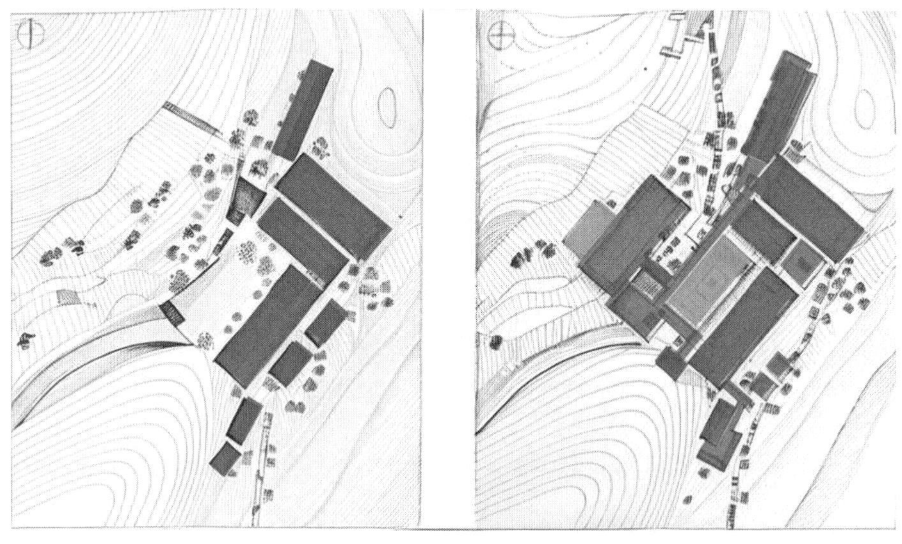

图 2.3.30 斯途·凤凰屿民宿总图前后对比

（1）对旧建筑进行更新改造时，需要在尊重场地环境的前提下，充分利用场地现有条件及环境。首先，从场所重建开始，对场地重新布局。根据原有建筑的可利用条件进行分析，对场地建筑进行保留、新建、重建、拆除等，重新组织场地景观和功能，使新建建筑与原建筑一起重构场所。通过对场地功能的调整使新旧建筑之间形成新的流线关系。其次，梳理原始空间结构，对空间体量进行调整，对既有建筑的功能拓展、新旧功能的置换、新旧功能的合并进行分析。最后，对建筑内部空间进行整合，在既有建筑上，通过调整空间结构，使建筑使用功能得到更好的应用，并充分考虑建筑室内通风采光问题。

（2）在旅馆改建过程中，还要考虑地域文化因素。地域文化决定了一个地区的文化特色，反映出当地的本土建筑特征。因此在营造旅馆场所文化的过程中应充分传承本土文化，将本土文化融入建筑改造，使游客在旅馆环境中体会到当地的文化特征。同时可以利用当地地域文化元素，打破单纯因应简单、美观要求而导致的建筑造型单一、风格缺失以及建筑趋同现象（图 2.3.31）。

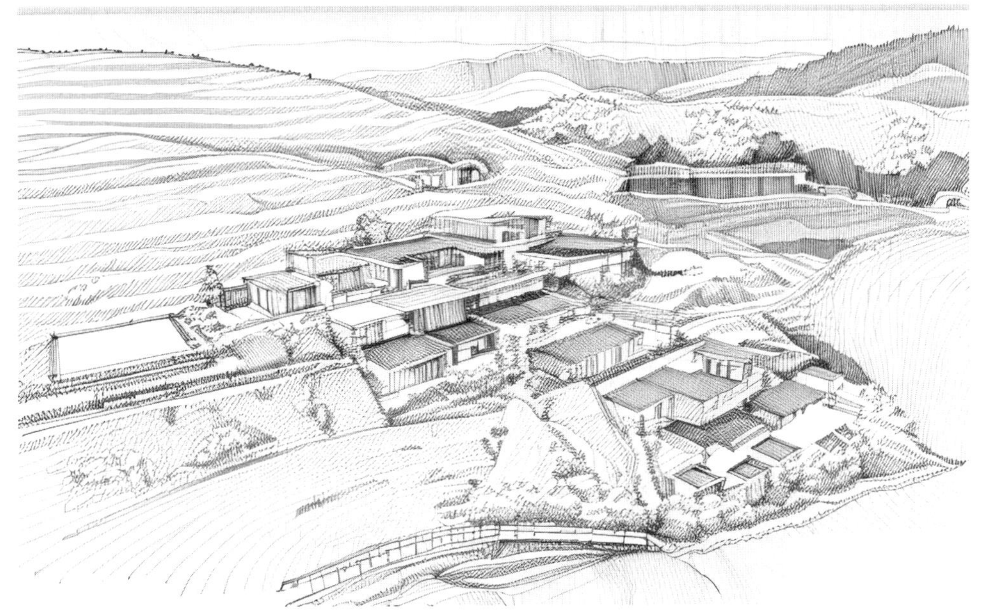

图 2.3.31　九女峰·故乡的云山奢酒店

九女峰·故乡的云山奢酒店位于泰山九女峰山脉脚下的东西门村。怀着对原始场地的尊重，希望保留百年间人与自然互动的空间记忆，用尽量少的设计手法和材料介入让场地本身的气质自然显露。保留老院落的原始肌理及空间关系，强化景观的导入和内院的核心性。村落的民居院落多分布在山坡陡地，以 L 型院与三合院为主。原来的居民早已搬离而房屋则呈衰败之势。但即使残破，院落和自然山体所呈现的高度融合依旧保存着曾经的生活记忆。客房即从这些原始院落脱胎而来。以此为基础进行适当扩建，将客房及公共活动的功能以组团方式置入。保留的毛石墙和重建的毛石墙见证了新与旧的传承。平面组织和功能排布依据每个院子各异的地形高差、方位朝向及最为重要的原始肌理而定制。人们在此不仅可体验高品质的度假感受，更能和传统相通。

3. 空间营造

部分乡镇旅馆建筑在传统民居基础上改建而成，原有空间小而局促，这与旅馆建筑的空间使用要求产生了矛盾。因此，设计的重难点就是解决这种矛盾并满足乡镇旅馆建筑空间的标识性、舒适性及功能性诉求。以分散式乡镇旅馆建筑空间中较为重要的四类空间进行说明。

(1) 入口空间

分散式乡镇旅馆的入口空间不仅仅是整个建筑的入口通道，也是联系内外空间的重要媒介，对入住者进入内部空间具有引导和过渡作用。在实际调研中，特色乡镇旅馆入口空间大致可以分为三种：开放式入口空间、半开放式入口空间、封闭式入口空间。在入口空间详细设计中，会根据入口周边的情况适当留出缓冲空间，通过标识物及铺地等设施的精致设计给顾客提供私属化的心理暗示，使顾客产生一种像家一般的温馨感觉，将乡镇旅馆当作旅途中的家，并以物理空间来强化入口空间的引导性（图 2.3.32、图 2.3.33）。

图 2.3.32 东驿敦煌酒店入口

通过小而精致的酒店入口，沿着胡杨树影绰绰的蜿蜒小道，缓缓进入酒店里面，愈走愈深……

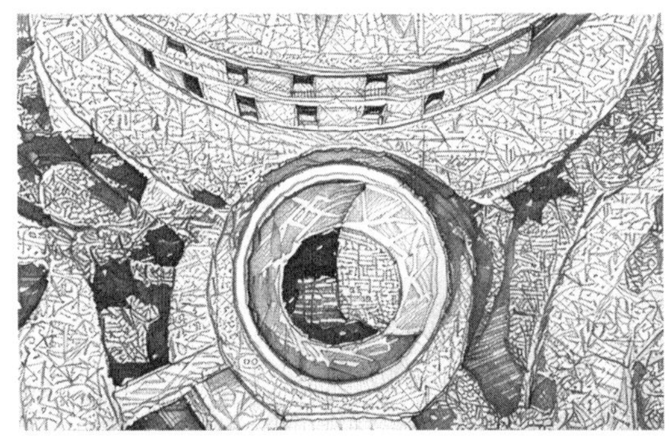

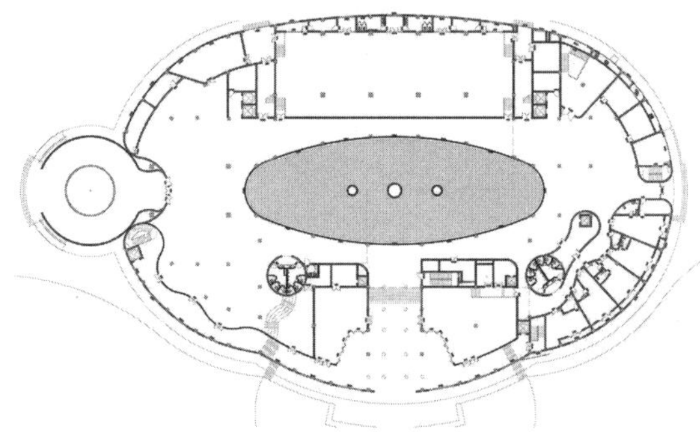

图 2.3.33 弥勒东风韵美憬阁入口

酒店入口处碗形的“到达亭”，其顶部直面天空的开口和亭内动人的回声效果，配合倾泻而下的天光，随着光影的流转飘在空中，环绕的曲面墙，俏皮地反射着场景，墙面好似波光粼粼的水面，让人遐想无限。光影变幻的节奏，游踪所至的感官体验，精益求精的细节塑造，让每一位宾客在抵达时都会被这郑重的仪式感触动内心。

(2) 客房空间

出游人群具有多样化的特点，且追求个性化的住宿空间体验，因此以往标准式的酒店客房空间设计显然不符合乡镇旅馆客房的空间设计要求。传统民居卧室空间的形式尺度与现代人的生活方式也无法直接贴合，如现在的客房需要独立卫生间，这就要求客房空间灵活变化。大部分乡镇旅馆会根据出行人群的特点及自身的空间限制设置单人间、标准间、三人间、大床房、家庭套间等。除以上几种乡镇旅馆中常见的客房类型之外，另有一类跃层式客房类型，主要利用一些坡屋顶建筑层高，添置楼梯，增加夹层，底层与夹层部分放置床铺，空间紧凑而温馨，适合家庭入住（图 2.3.34）。

图 2.3.34 弥勒东风韵美憬阁精选酒店室内

酒店所有客房的命名和创作，都致敬了云南本地的艺术，如绘画、制陶、印染、谱乐，和特产珍宝（美玉和宝珠）。每一个细节处都留有本土工艺的痕迹，它们悄悄地讲述自己的故事，将“暖”之温度、“真”之态度充分注入空间，充分展现了酒店“艺术话万物，灵感绘生活”的美学主张。

（3）公共空间

传统民居形态下的分散式乡镇旅馆与传统标准式住宿建筑类型有所不同，其内部拥有丰富多样的公共休闲空间，其一方面给乡镇旅馆入住者提供多样的空间活动场所，另一方面也丰富了旅馆建筑内部的空间层次。

公共空间是分散式乡镇旅馆的主要竞争力之一，设计应尽量保留比较大的公共空间。在乡镇旅馆的公共空间中打造亮点，会起到事半功倍的效果，也更能给初次入住的客人带来惊喜，让人们记住。如年轻的旅客更需要的是聚会、聚餐、一起玩闹的场所，各自回房睡觉的时间在他们出行时间中只占很小的比例。他们的核心诉求是“社交”。把一个特点做足做透，要比处处都是“亮点”更为让人印象深刻。比如：一个超大的开放厨房和餐厅一定会吸引一大批爱做饭的“吃货”前往，一个小小的烧柴火的壁炉也会让旅馆在寒冬里住满围炉取暖的客人（图 2.3.35）。

（4）庭院空间

庭院空间是分散式乡镇旅馆必不可缺的一类空间类型，尺度较小的如入口庭院、天井庭院，尺度稍大的则蔚然成为一座小型花园。庭院空间在乡村民居建筑中大量存在不但反映了自古以来人民亲近自然、贴近自然的生活态度，同时也有通风采光等实际的建筑物理效用。

一栋建筑的庭院景观空间需要兼容多种功能，以满足和容纳使用者的多种活动。因此，在改造时应重点关注空间中交通动线的安排，休闲空间、较私密的交谈空间以及公共娱乐性空间等的方位区域布置。比如：在改造交通空间时应做到导向明确；改造休闲空间和私密交谈空间时，应保证私密性与舒适性；而对公共娱乐空间的改造应布置在开阔敞亮的地方。要在尽可能保留原本空间结构的前提下，运用不同的空间设计手段，利用植物、光照和水体这些自然元素进行改造设计。

分散式乡镇旅馆庭院空间的设计不应独立进行，而是应该与总平面设计、建筑单体设计、景观设计等环节整合起来考虑。乡镇旅馆庭院空间由建筑实体、景墙、绿篱等元素围

图 2.3.35 隐北野奢酒店鸟瞰

隐北野奢酒店位于北京门头沟区，依山而建，错落有致，视野辽阔，周边群山绿树环绕。露台作为重要的公共空间设计，为居住者提供了闲聊、喝茶、赏景的平台，共同感知自然的意境。进入客房，酒店房间宽大的落地窗，框取室外美景，绿水青山如入画中，为房客营造了一个温馨舒适的居住环境。酒店内部分墙壁是裸露的石材，凸显了空间质朴独特气质，创造了一个充满禅意的空间氛围。

合而成，庭院空间总是与建筑群体相伴存在，与建筑（群）以一个整体的形式出现。庭院空间不仅是建筑室内空间的延伸，同时也是承载建筑场所精神和文化氛围的重要容器，周边的环境无疑也会对庭院空间的氛围产生影响，例如运用借景、对景、框景手法，引景入院，将外部优美环境引入庭院空间中，使乡镇旅馆的庭院空间、建筑单体和更大范围的外部景观融为一体。庭院还应与建筑的设计细节综合考虑，整合设计，二者之间应该取得色彩、质感、材料等多方面多层次的协调，而不是各行其是。相对而言，人不能进入的静赏性小庭院，具有相对的独立性，可穿插一些反差较大的趣味性元素，但也应该从乡镇旅馆整体氛围塑造的角度进行具体判断。

可达性对庭院空间的使用起到了至关重要的作用。为引导人们使用度假酒店庭院空间，庭院空间应位于人们活动轨迹的关键性节点或是人流密集的场所。视觉上的连贯性、路径的长短、行进的难易程度、距离的远近、外部效应的干扰以及围合界面的连续性与保护感等，都会影响度假酒店庭院空间的可达性。对于尺度较小的欣赏性庭院，可达性是指利于人们从多种视角进行欣赏。这时不仅应该考虑平视的视觉效果，还应该推敲俯视、仰视等多种视觉效果。

范家村海草湾养生度假房位于山东省威海荣成市石岛管理区，东临石岛湾内湖，风景优美，是一个典型的北方行列庭院式村落。原有建筑 26 间，设计完成后整合为 19 间。改造后剩余的 19 个院子屋面全部延续海草房屋顶，形成完整的海草房村落。围绕公共庭院等开放空间设置了公共建筑和配套设施，如书吧、餐厅、布草间、公共卫生间、茶室等，完善了酒店功能（图 2.3.36、图 2.3.37）。

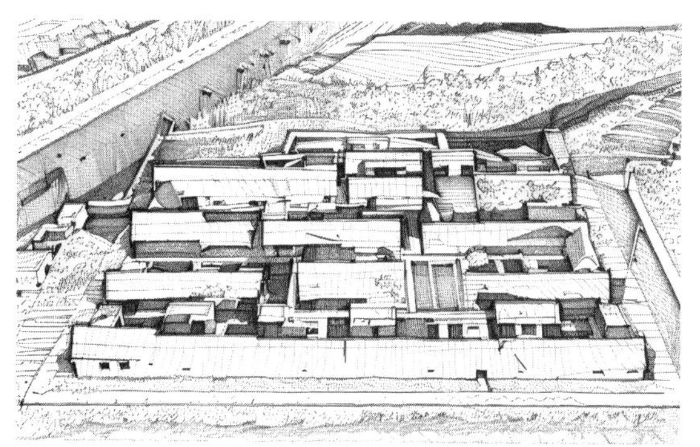

图 2.3.36　海草湾养生度假房
拆除老建筑形成新的公共院落空间
（图片来源：灰空间建筑事务所）

图 2.3.37　海草湾养生度假房院落空间
（图片来源：灰空间建筑事务所）

位于黄山市的太平湖安卓梅达酒店采用一步一景、抑扬顿挫的建筑手法赋予整座建筑灵动的节奏感，干脆利落的几何空间规范了人行动线。酒店大堂被小心地隐没在密林中，空间的灵动交错让建筑成为光的工具，太平湖的美景也就透过缝隙若隐若现地跳动在眼前。人的意识随着光影和脚下的石板路开始流转、游走，空间流动着，心意流动着，这一路也就在好奇与摇动中达到了空间与人的动态平衡。交叠的空间让人们无法将建筑室内与景观庭院泾渭分明地分开，这种边界的模糊性为建筑增添了朦胧的诗意，割裂感的消解使自然与建筑之间达成了一种非连续的连续性（图 2.3.38、图 2.3.39）。

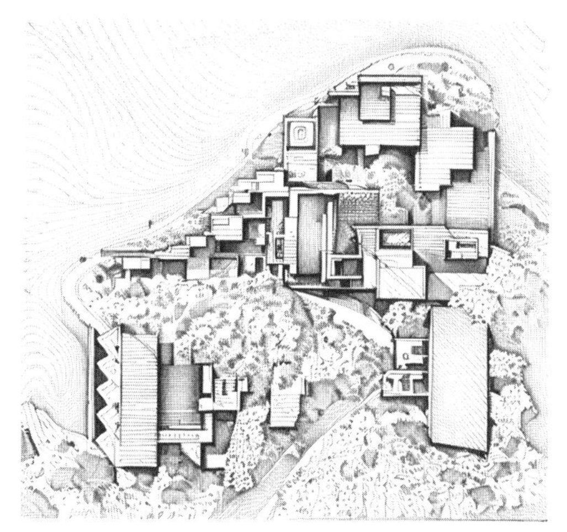

图 2.3.38　黄山太平湖安卓梅达酒店俯视

图 2.3.39　黄山太平湖安卓梅达酒店

大井民宿位于广东韶关仁化，以典型丹霞地貌闻名于世。其建筑如同自然生长出来一般，成为院落景观的一部分。镂空孔洞记录了一天中光影的轮转。树影婆娑，风景清明，整个建筑空间气韵通透。建筑的结构感与内外光影的交互，构建出随着时间变化的建筑趣味。而云山睥睨，远眺的山景渗透到休闲居住场景之中，也拉近了游客与村落自然的距离（图 2.3.40）。

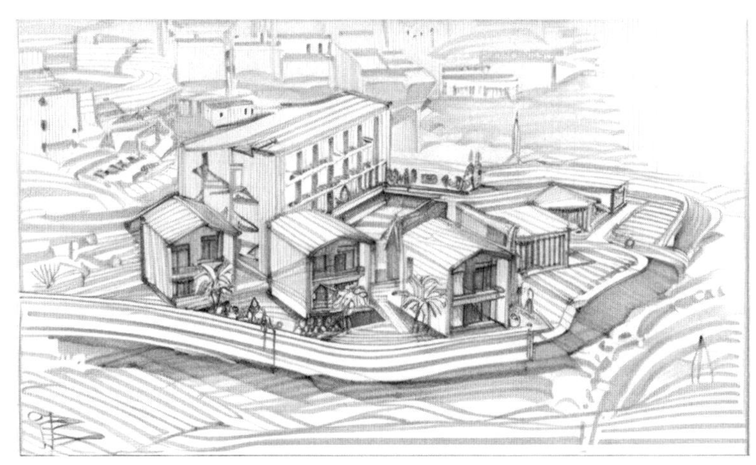

图 2.3.40　大井民宿酒店鸟瞰图

4. 立面形态

乡镇旅馆通常被传统民居环绕，为了与周边传统聚落风貌协调一致，乡镇旅馆对传统民居的立面形态一般改动较小，主要包括两个方面：一是在传统民居立面形态上根据功能需求有所变化；二是精心设计扩建部分外立面，进而影响整体立面形态。

建筑作为人类文明的重要呈现方式，与特定族群的文化观念、审美情趣紧密关联，乡村长期积淀的文化传统理应成为当代地域建筑文化基因的构成部分。除了同传统乡村建筑产生形象上的具体联系外，还可通过对乡村文化与生活习惯的审视，在一些使用者日常通过感官即可感受的建筑细部，表达设计意图，使之呈现乡村长久积淀下来的生产生活方式。建筑师通过对材料不同性质的把握与组合，发挥各类材料所具备的不同工艺性能与外观感受特性，设计出体现地域符号、呈现历史信息的建筑细部，可唤起地方居民或外来使用者对乡村本土历史文化的认同。中国古代传统的民居建筑材料选择多因循“就地取材”的原则，在不同的地域和条件下，建筑材料的特点和自然资源的丰盈程度都会有所差异，故而不同地域建筑材料的选择也各不相同，这也充分体现了“因地制宜，天人合一”的中国古代建筑理念和哲学。建筑材料体现了乡土性和地域性，是数千年自然和人文选择的结果，是建筑文化地域性表达的重要载体。在我国现代乡土建筑的设计过程中传承与运用乡土建筑技术，是传承传统乡土建筑技艺、展现地域文化特征的重要方式。

乡村建筑应当是结合时代性的地域建筑，材料在当代乡村建设中也应当体现出适宜当下的创新性。通过对当代乡村建筑中不同材料使用的案例分析，可以看出，在现代技术影响下，传统乡土材料不断改良优化以适应新时代的要求，其结构属性作用逐渐减弱，与此同时表面属性的作用逐渐增强，乡土材料甚至出现在建筑表皮中。在乡土材料使用的表皮化趋势下，传统建造方式如石材、砖材的砌筑等在一定程度上被表皮化建造方式取代，这种工艺改变是基于艺术表现与真实建造的共同需要。例如，基于材料不同的形状、尺度和工艺，乡土材料在当代乡村建筑中可呈现出线性编织、拼贴式编织、单元式编织等方式。线性编织以草、木材料为主，天然材料原初的“线”形在建筑表皮呈现细腻的质感；拼贴式编织以石片、木板为主，借助粘贴或干挂的方式呈现于建筑表皮；单元式砌筑以砖、石为主，更符合传统意义上的织补性砌筑。总而言之，当代乡村建设活动需不断探索、发现乡土材料运用的新的可能性，树立起当代的材料观念，以持续发展来适应当代的需求（图2.3.41）。

(a) 线性编织

(b) 拼贴式编织

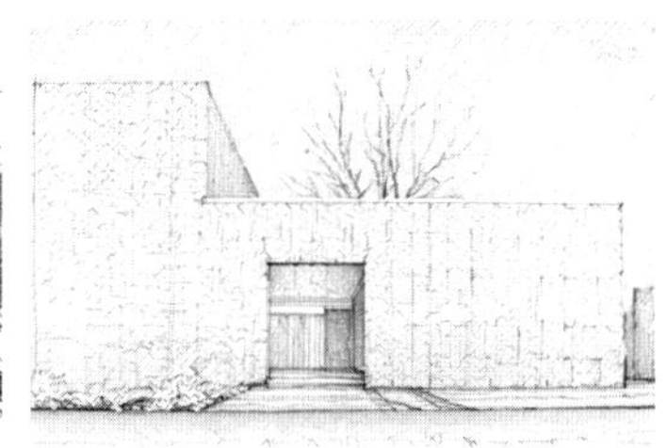
(c) 单元式编织

图 2.3.41　立面形态分析

乡村一般是自然生长形成的，大量的乡村建筑都是使用地域性的当地材料，这些材料真实地体现了乡村建筑所在场地气候、传统等方面的地域性特色。乡村建筑选择真实性的地域材料，有助于延续乡村整体聚落形象，保持整体场所体系的完整和场所感的延续，使建筑自然地与所在场地及周围建筑环境产生共鸣，同时也是对环境融合的表达。

河南济源市王屋山小有河边的小有河东岸旅馆，在建构与材料的层次方面，除了利用阳台前院的门扇开启，调控建筑后墙与庭园的虚实体量，创造连续居住和自然观景的体验外，更探讨了青瓦坡顶的不同间架形式、夯土墙体的新旧质地协调、屋架钢檩条木椽子的构造搭接，以及垒石院墙的建构逻辑，旨在建立建筑实体建构与生活知觉的进一步联系（图 2.3.42、图 2.3.43）。

图 2.3.42　小有河东岸旅馆钢构屋架与夯土填充墙施工

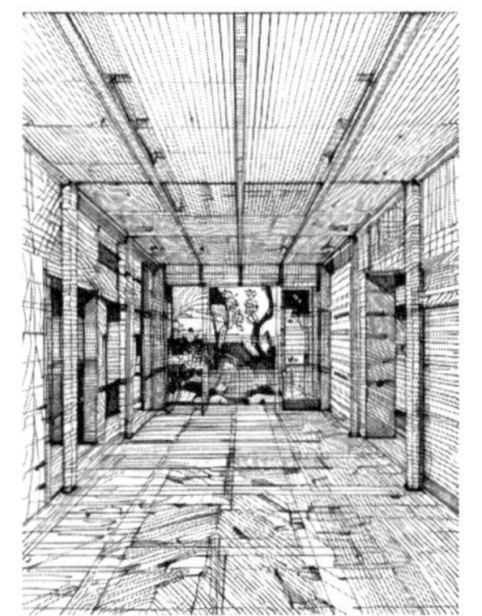
图 2.3.43　小有河东岸旅馆钢构屋架与夯土墙

5. 文化塑造

作为典型的社会要素，人文环境以特定乡村族群的文化、风俗、宗教等价值观与审美倾向共同作用于建筑，并成为乡村传统建筑地域特色更为深层、主观的内在影响因素。因此，当代乡村的地域性表达，也需注重回应人文环境，即在建筑中体现出对乡村传统文化的传承与演绎。如用建筑材料来表现地域文化，就需利用并发挥材料自身具备的“地点性”与“文化性”。首先，可通过对材料进行组织与运用，使之呈现出具有传统寓意的实体形象，再现乡土建筑典型特征。但需注意避免对装饰要素的盲目借用，应用适宜方式对乡土建筑形式、空间、建构方式进行当代“转译”。更进一步，则需超越对乡土建筑形式的单纯模仿，而注重发挥材料在建筑形象层面的“叙事”能力，利用材料的形状、色彩、肌理等建构起传统与当代的深层关联，唤起人们的记忆。最后，当代乡村建筑应满足当下乡村建筑使用者的情感需求，并为人们带来具有时代特质的体验，从而体现出对使用者的人文关怀，这同样需要依托材料的色彩、肌理等外观属性，利用其烘托出与场所主题契合的情感氛围。

乡镇旅馆是反映地域文化特征的载体，地域文化与乡镇旅馆设计的关系是相互促进、相互影响的。乡镇旅馆区别于农家乐、商业酒店、连锁客栈等其他形式的休闲住宿形式的明显特征，是乡镇旅馆突出反映地域文化色彩，民居作为乡镇旅馆的载体最能反映出地域文化的特征。

地域文化是乡镇旅馆创作的重要来源。地域文化凝聚了传统建筑风貌、乡村特色产业体验、民俗活动交互体验以及艺术审美等。乡镇旅馆设计积极迎合自然风貌及人文要素，才能够呈现足够的差异化、主题化、个性化特色。乡镇旅馆设计应充分理解地域文化的概念和发展过程，理解人类与自然的互动过程，并赋予乡镇旅馆全新的色彩和生命。

每一地区的乡土景观都有它自身的特色，其中历史文化所反映的是地区居民的思维方式与建筑的表现形式，并且不同的建筑表现方式会形成特有的建筑要素。在进行乡土建筑设计时，将某个地域所具有的这几种要素进行沉淀积累再设计，有利于增强地域性。从文化方面来看，有机更新是保留文化符号感，每个民族村落的格局和文化都是一脉相承的。在非物质文化遗产逐渐被淡忘的今天，我们应该传承这些民风民俗、传统地域文化，增强乡土建筑自身的可识别性和人们的归属感。

对传统民居的旅馆改造，首先要确定风格，明确主题定位，对建筑本身以及当地民俗文化进行深入探索挖掘。在提炼保留特色部分，突出地域文化符号的同时，对表达元素进行二次设计，创造出符合室内装饰需求的特色产品、物件和人文景观，使空间形成概念化、系统化的思路脉络。坚持融入性、差异化、创意性的改造，既要融入当地的建筑风格，也要融入地方的环境中，将原本的传统建筑进行创新式的延伸，突出富有特色的细节，这是吸引旅客的有效手段。

东驿敦煌精品度假酒店位于甘肃敦煌，在整体规划上，保留了原场地的沙丘关系。整体布局以下沉式建筑环绕景观为基础格局，四周由大量白杨树包围，给来者一种从外入内越走越深的“渐渐”之感：不夸张，但深刻。天的纯蓝和沙丘的暖黄，是园区追求的纯色。胡杨、房屋和芦苇，像是彼此熟识多年的老友，感受着沙丘温柔的接待。建筑犹如从沙地中自然生长出来的，外观方正敦厚，柱梁如骨脊。孔洞的保留可观看一天中光影的轮转，大漠之风日夜无休穿透其中，余音萦绕。整个建筑空间气韵通透，暗合古典东方的精神气质，强调建筑的结构感与光的交互，构建出具有人文活力的建筑语言。建筑集群诠释着人们对当今时代的诉求，对敦煌场域的记忆与情感（图 2.3.44）。

东风韵美憬阁精选酒店坐落于云南省弥勒市东风韵艺术小镇内，项目在国内知名艺术家罗旭“拙、朴、真”的原生创意下，建筑形体圆润，敦厚朴实，像是经过了时间的冲刷

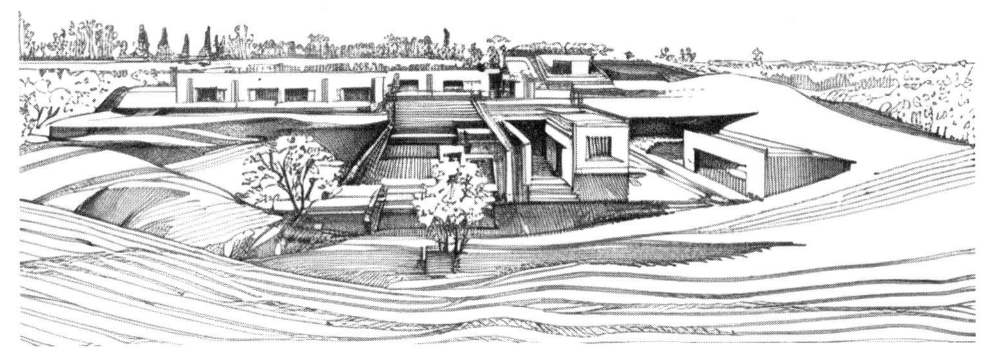

图 2.3.44　东驿敦煌精品度假酒店鸟瞰

图 2.3.45　东风韵小镇实景

洗礼，又像是用一双拙朴的大手揉捏生成，以“一种躺着的巍峨”气势，安静地匍匐在红土地上（图 2.3.45）。设计基于建筑去“现代性”、去“工业化”的本土设计思考，化繁为简，返璞归真，回归自然，以尊重建筑本身结构和当地文化为前提，利用当地红土烧制的红砖、水泥、黏土、瓦罐等自然质朴的材质，让室内的色彩调性统一、质朴天然，与建筑本身浑然一体。

2.3.3 镇区旅馆设计要点

镇区旅馆建筑特征介于城市旅馆与乡野旅馆之间，既有一定的集约性，又具有乡村旅馆的属性。镇区旅馆建筑设计要点包括：

1. 基地选址

在我国“双碳”目标下，旅馆建筑设计同样需要进行科学的选址，在前期要对基地进行考察和勘探，充分了解当地的气候条件以及地质环境，结合多种要素设计和规划。只有选址正确，建筑设计才能更加符合居民的需求，更重要的是与当地的气候条件等相一致，确保建筑设计更加安全、科学、合理。

（1）乡镇旅馆的选址应符合当地城市规划要求等。

（2）与车站、码头、航空港及各种交通路线联系方便。

（3）在城镇中如果有市政设施，应使用原有的市政设施，以缩短建设周期。

（4）休养、疗养、观光运动等旅馆应与风景区、海滨及周围环境相协调。

2. 总平面设计

乡村旅馆类建筑在总平面设计上应遵循以下几点：

（1）总平面组成：乡镇旅馆类建筑除合理组织主体建筑群位置外，还应考虑广场、停车、道路、庭院、杂物堆放场地的布局。根据旅馆标准及基地条件，还可考虑设置露天茶座等休闲场所。

（2）广场设计：根据旅馆的规模，进行相应面积的广场设计，供车辆回转、停放，尽可能使车辆出入便捷，不互相交叉。

（3）总平面各类出入口：

① 主要出入口：位置应显著，可供游客直达门厅。

② 辅助出入口：用于辅助疏散以及供特殊人群专门进入（如非住宿旅客出入）。

③ 职工出入口：适宜设在职工工作及生活区域，用于旅馆职工上下班进出，位置宜隐蔽。

④ 货物出入口：用于旅馆货物出入，位置靠近物品仓库或堆放场所。应考虑食品与货物分开卸货。

⑤ 垃圾污物出口：位置要隐蔽，处于下风向。

（4）无障碍设计：

① 考虑在场地内设计无障碍停车位，及进入室内的无障碍坡道或缓坡。

② 旅馆前步行道路应与城市人行道相连，保证步行进入旅馆旅客的安全。

（5）停车：根据旅馆标准、规模、投资、基地和城市规划部门规定，考虑地面停车、职工自行车停车数，按职工人数 20%～40%，面积按 1.47m^2/辆计算。

（6）总平面布置方式：

镇区旅馆建筑适用于集中式布局，这一点与乡村旅馆类建筑完全不同。乡村采用分散式布局。

3. 空间布局

镇区由于相比乡村往来人流集中，流量大，形成的旅馆空间布局比较集中。与此同时，镇区与城市旅馆相比流量较小，功能相对以旅游目标为导向的乡村旅馆更为单一。镇区旅馆设计可以参考城市旅馆基本功能分析图进行拆解简化。图 2.3.46 为一般旅馆基本功能分析图，所示基本功能框架为门厅—大厅—过厅—文娱—餐厅—客房，辅助功能有交通空间、问询、电话、衣帽、厕所、行李、服务台、厨房、设备房、小卖、办公、邮电、理发、职工食堂及厨房等。可以看出，这个版本的功能和现代需求稍有不同，现在村镇旅馆基本只保留其中的主干功能，如门厅、过厅、小卖商店、问询、餐厅、厨房、客房、办公、服务台、行李存放等，繁冗的功能简化为主要功能（图 2.3.47）。

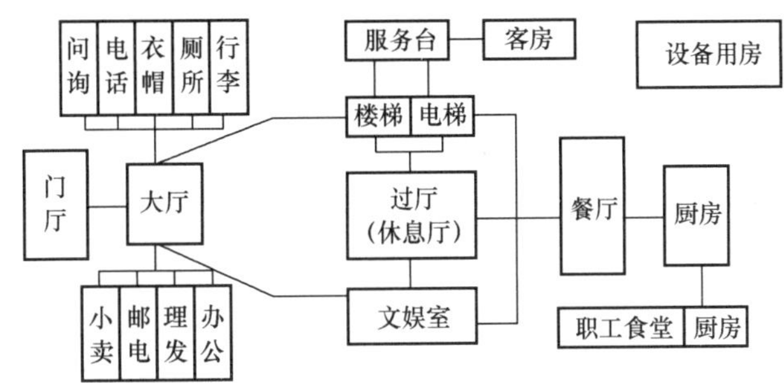

图 2.3.46　旅馆基本功能分析图（参考：建筑设计资料集第二版）

而乡野之中，地广人稀，人口密度小，有条件做成分散式旅馆。

4. 标准层设计要求

乡镇旅馆往往采用集中式布局，因此存在一定量的标准客房和标准层。在标准层设计中应注意如下几点：

（1）标准层客房数量要求：尽可能提高标准层中客房面积的比例，增加客房间数。客房间数还应按服务人员的客房数（1～16 间）倍数确定。

（2）自然环境和能源要求：标准层设计应考虑周围环境，占据好的朝向及景观，减少外墙面积，节约能源。

（3）平面形式：乡镇旅馆平面形式应考虑地形、朝向、景观、结构、造价等因素。

（4）防火疏散：标准层中防火疏散楼梯宜均匀分布，位置要明显，符合建筑设计防火规范要求。

（5）服务台：按管理要求设置，宜与门厅联合考虑。

（6）服务用房：根据管理要求，

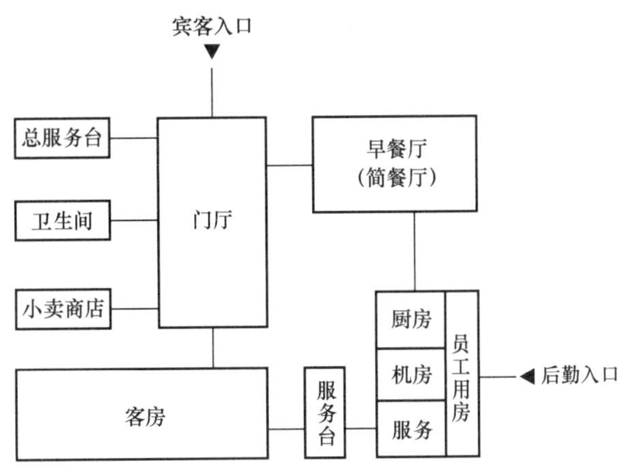

图 2.3.47　旅馆平面布局
（参考：建筑设计资料集第三版）

每层设置或隔层设置。位置应隐蔽，可设于标准层中部或端部。服务用房区域应有出入口供服务人员进出客房区域。服务用房包括服务厅、棉织品储存库、休息、厕所、垃圾污物管道间及服务电梯厅。

（7）标准层公共走道宽度应大于 2.1m。

5. 服务人群

镇区旅馆服务于到镇区来办事的人员，乡村旅馆主要服务于游客。

6. 建筑高度及体形

镇区旅馆服务人流量较大，建筑高度可达 3～4 层，而乡村内多数由民房改建，为单层（如新建可达到 3 层）。

7. 室内空间

镇区旅馆室内空间与乡村旅馆室内空间界定方式不同，由于目标用户不相同，其装饰风格也不尽相同。镇区旅馆与城市快捷旅馆有比较类似的目标客源，而村庄中的客人是以享受乡野之美为目的，因此村庄旅馆更注重内部公共空间的营造（图 2.3.48）。

图 2.3.48　清境民宿室内

第三章

乡镇旅馆建筑设计教学过程解析

3.1　基本概念及任务书解读（第1次课）

3.1.1　基本概念

1. 课程介绍

本课程为建筑学专业的核心课，是本科三年级下学期的建筑设计课。这一阶段是建筑设计的提高阶段，通过一系列中型建筑设计的训练，着重解决设计方法的掌握、方案的创意表现及在设计中融合城市设计的相关知识内容等问题。掌握建筑设计必须满足人们对建筑的物质和精神方面的不同需求的原则，掌握调研收集资料的科学方法，了解多层集合居住建筑以及多功能公共建筑的特点，提高学生处理较复杂环境问题的能力，了解人文与生态环境和建筑节能方面的知识，提高设计构思及方案表达的能力，初步掌握计算机辅助建筑设计，使学生具备中型建筑方案设计的能力。

2. 教学目的

（1）提高学生建筑方案设计能力，进一步了解建筑方案设计的基本过程和设计各阶段的工作内容、要求。

（2）了解乡村度假酒店（旅馆）建筑的基本组成要素、功能关系、环境因素等，树立建筑造型、空间、环境观念，掌握乡村度假酒店（旅馆）建筑空间的组合方法。

（3）了解人体工程学的基本知识以及乡村度假酒店（旅馆）建筑中各类空间的尺度。

（4）培养收集资料、调查分析、设计立意、构思表达等方面的能力，学会运用工作模型辅助设计的方法、训练综合思维的方法和方案设计的技能。通过阶段汇报加强学生语言表达能力。

（5）进一步提高徒手草图、工具制图及色彩渲染表现能力。

（6）了解有关技术经济指标，进一步明确建筑的规模、经济等概念。

3. 乡镇旅馆建筑设计基础

（1）乡镇旅馆建筑的基本概念

旅馆是为客人提供一定时间住宿和服务的公共建筑或场所，按不同习惯也常称其为酒店、宾馆、饭店、度假村等。旅馆通常由客房部分、公共部分、后勤部分三大功能部分组成。乡镇旅馆建筑即建设在乡镇的旅馆建筑。

（2）分类

旅馆按建造地点、功能定位、经营模式、建筑形态、设施标准等有多种不同的分类（表3.1.1、表3.1.2）。

分类方式　　**表3.1.1**

分类依据	类型名称
建造地点	城市旅馆、郊区旅馆、机场旅馆、车站旅馆、风景区旅馆、乡村旅馆等
功能定位	商务旅馆、会议旅馆、旅游旅馆、国宾馆、度假旅馆、疗养旅馆、博彩旅馆、城市综合旅馆等

续表

分类依据	类型名称
经营模式	综合性旅馆、连锁旅馆、汽车旅馆、青年旅舍、公寓式旅馆、快捷酒店等
主题特色	温泉旅馆、主题旅馆、精品旅馆、时尚旅馆等
设施标准	超经济型旅馆、经济型旅馆、普通型旅馆、豪华型旅馆、超豪华型旅馆等
星级标准	一星级、二星级、三星级、四星级、五星级（白金五星级）

常见旅馆类型及特点　　**表 3.1.2**

类型	特征	主要特点
商务型旅馆	以商务客人为主的旅馆，通常商务客人的比例不低于 70%	1. 位于商业中心或城市中心等城市交通便利处； 2. 规模较大，客房数 200～1000 间； 3. 整体硬件标准较高，商务设施较齐全，一般有专门的商务楼层，客房面积不少于总面积的 50%； 4. 拥有配套的会议、餐饮、康乐、宴会等功能
会议型旅馆	以大型会议、会展和贸易博览会为服务对象的旅馆	1. 为各种会议服务，提供会议所需的支持和保障； 2. 拥有大型会议厅，同时拥有数量不等的中型和小型会议室及附属用房； 3. 有充足的会议和住宿客人使用的停车场，会议所需的物品存放货区和库房等相关的服务用房； 4. 拥有与会议配套的商业、餐饮、健身娱乐和休息区
度假型旅馆	以接待休闲度假游客为主，为休闲度假游客提供住宿、餐饮、康体与娱乐等各种服务功能的旅馆	1. 多建在滨海、临水、山地、温泉等自然风景区附近； 2. 功能配置多以休闲、康体、风味餐饮等为主； 3. 布局多以低层分散式布置，与总体环境协调； 4. 以特色文化体验、温泉、体育运动、疗养等为主题，形成特点鲜明的主题型旅馆
经济型旅馆（快捷酒店）	在满足基本住宿需求的同时，节约旅馆的配套设施，节省投资和运营成本，价格实惠的旅馆形式	1. 以大众旅游者和普通商务旅行者为主要服务对象； 2. 功能简化，服务功能集中在住宿上，削减旅馆住宿以外的公共配套设施； 3. 一般只提供早餐（或简餐）服务，即“B&B”（床＋早餐，Bed＋Breakfast）； 4. 通常以加盟或特许经营等连锁方式经营，服务规范，性价比高
汽车旅馆	以接待驾车旅行者、长途司机为主，为驾驶出行的宾客提供停车、休息、用餐的旅馆	1. 多位于高速公路附近或交通便捷的公路旁； 2. 有充足的停车场地； 3. 功能设施的配备围绕其特点设置； 4. 除提供必要的相关住宿设施外，还配备有汽车保养等服务项目和设施
公寓式旅馆	设有厨房（操作间），使用功能类似于住宅，但以旅馆标准管理服务的旅馆形式	1. 客房内设有厨房（或操作间）； 2. 客房多采用公寓式布置； 3. 客户对象多为较长期租住或家庭客户

（3）规模

一般以客房间数来划分旅馆的规模。通常旅馆拥有 200 间客房时是最佳规模，经营效益也较好（表 3.1.3）。

规模划分参考表　　表 3.1.3

规模	小型	中型	大型	超大型
客房间数	<200 间	200～500 间	≥500 间	≥1000 间

（4）等级

根据《旅馆建筑设计规范》JGJ 62—2014，按旅馆的使用功能、建筑标准、设备设施等硬件要求，将旅馆建筑由低至高划分为 一、二、三、四、五级 5 个建筑等级。

根据《旅游饭店星级的划分与评定》GB/T 14308，用星的数量和颜色表示旅游饭店的等级，星级由低至高分为一星级、二星级、三星级、四星级、五星级（含白金五星级）五个等级。这个评定的标准为国内通行的旅馆分级标准。

有些国家没有等级、星级的标准，只有品牌标准等级，因此国际酒店集团通常按品牌系列确定酒店等级。

（5）设计原则

旅馆建筑选址应位于城市交通便利处或环境优美之地，基地四周应避免有噪声干扰和环境污染源。

根据旅馆功能定位、市场分析和建设要求，确定合理的客房规模与等级标准，并据此确定公共用房和辅助用房等相关内容和规模。

旅馆建筑布局应功能分区明确、联系方便、互不干扰，保证客房和公共用房具有良好的居住和活动环境。

合理组织人流、车流和物流。各类车流应严格划分路径和停车场地，特别是散客和团体车流、客流和物流的分流。后勤出入口和货车出入口应单独设置。

旅馆建筑设备如锅炉房、制冷机房、冷却塔等设在客房楼内时，应采取有效的防火、隔声、减振、防爆（锅炉房）等措施。

安全设计是旅馆设计与管理的最重要方面，除应符合《旅馆建筑设计规范》JGJ 62—2014 外，还应严格按国家相关防火设计规范要求。

（6）功能构成

旅馆不论类型、规模、等级如何，其内部功能均遵循分区明确、联系密切的原则，通常均由客房、公共、后勤三大部分构成。每一部分由多个功能片区组成，各功能片区又划分为不同的功能区（或用房）；通过流线的合理组织，构成旅馆建筑完整的功能布局和流畅的运营体系。

旅馆内部的功能构成按流线组织可分为宾客区（亦称前台部分）和后勤区（亦称后台部分）。宾客区主要是指为宾客提供直接服务、供其使用和活动的区域，包括旅馆大堂、前台接待、休息区域、大堂吧、餐饮、康体娱乐、会议商务、客房等，凡是宾客活动的区域均可归属为宾客区。后勤区是为宾客区和整个旅馆正常工作提供保障的部分，包括办公、后勤、服务、工程设备等（表 3.1.4，图 3.1.1、图 3.1.2）。

（7）流线分析

根据旅馆类型、规模、等级及使用要求的不同，其具体的功能构成与流线也有相应简化或增加。

旅馆功能构成表　　表 3.1.4

宾客区（前台部分）						后勤区（后台部分）			
接待	住宿	会议	餐饮	康体娱乐	其他	办公管理	设备机房	员工用房	后勤服务
门廊 大堂 总台 电梯厅 商务中心	客房	会议室、展览厅、多功能厅	餐厅、酒吧、咖啡厅、宴会厅	健身房、游泳池、各类球场、棋牌室、舞厅、KTV	各类商店、配套服务、庭院	行政办公、财务、采购	锅炉、变配电供暖、通风、空调给水排水、燃（油）气、电梯、消防总机、电信监控、智能	员工更衣、员工餐厅、员工培训、员工宿舍	厨房、洗衣、布草、货运、物流、仓库

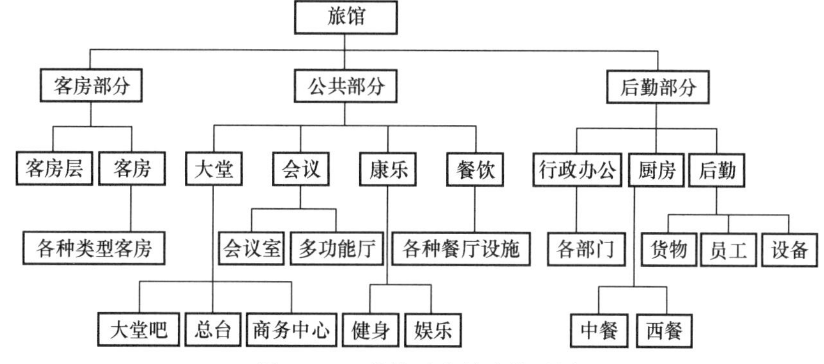

图 3.1.1　旅馆功能构成体系图

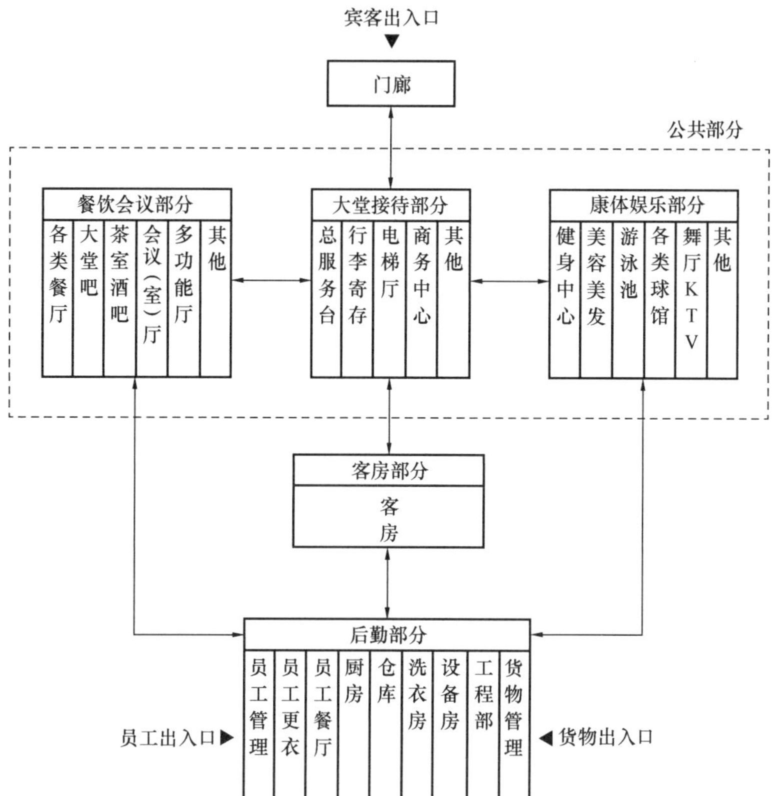

图 3.1.2　旅馆功能与流线构成关系图

大型高档旅馆和综合性城市旅馆因其规模较大、功能复杂，可对其客房服务功能部分与对外会议、商务活动和餐饮、娱乐功能分别设置入口组织功能布局与流线。

在旅馆设计中以宾客的活动和需要为主体，应围绕着宾客区的功能和要求来展开各功能区的规划和设计。在区域位置的划分和布局上，优先将宾客活动的功能区域布置在环境位置好、流畅方便的主要位置；后勤区域尽量布置在隐蔽和边角的次要位置上。宾客区和后勤区的关系要能相互关联和衔接，以便管理和服务（图 3.1.3、图 3.1.4）。

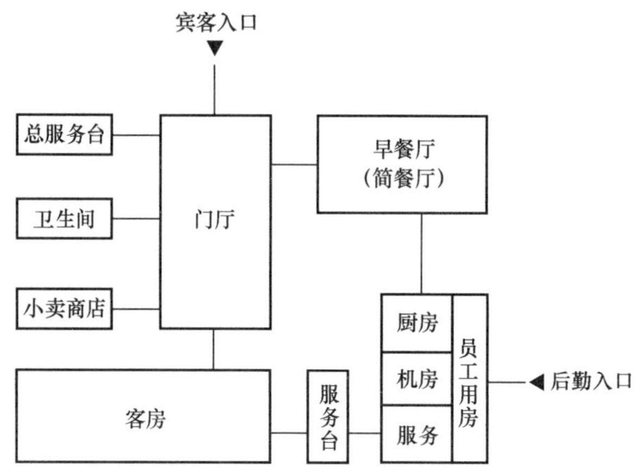

图 3.1.3　普通旅馆功能流线图

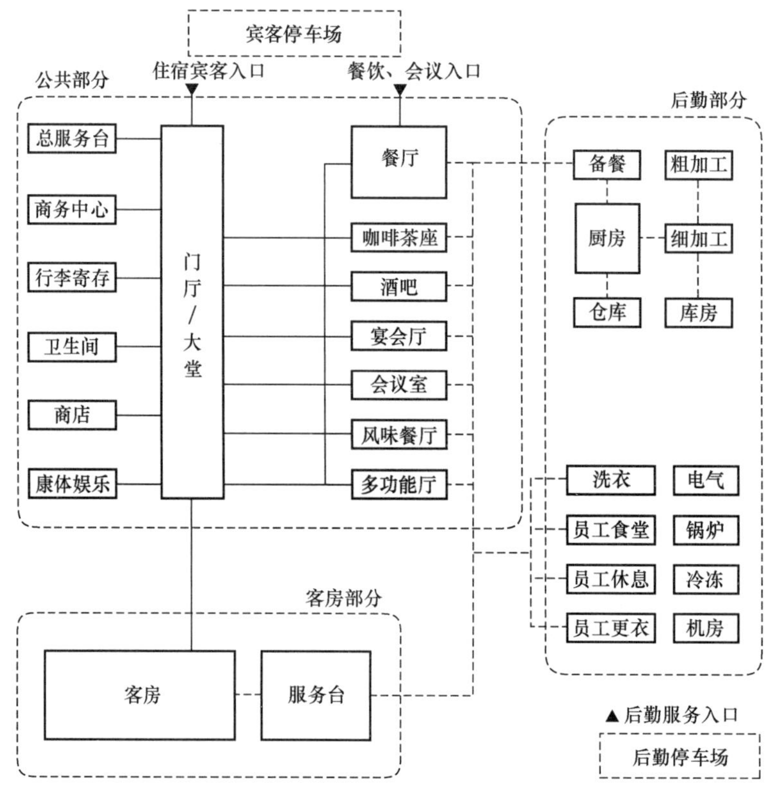

图 3.1.4　综合旅馆功能流线图

（8）流线组织

根据旅馆各功能区域的构成，合理组织动向流线是旅馆设计的重要内容。旅馆各功能构成之间的动向流线主要分为宾客流线、服务流线、物品流线。

宾客流线是旅馆中的主要流线，包括住宿、用餐、娱乐、会议、商务等流线，同时宾客出入口处可分为团队宾客和散客流线。

服务流线包括员工内部工作活动流线和为宾客提供服务的流线。员工内部工作活动流线主要包括员工入口、更衣淋浴、用餐、进入工作岗位等，不能与宾客流线交叉；工作服务流线包括客房管理、布草、传菜、送餐、维修等，流线设计要方便连接各个服务区域，简洁明确。

物品流线主要包括原材料、布草用品、卫生用品等进入旅馆的路线、回收物品废弃物品运出路线（图 3.1.5～图 3.1.7）。

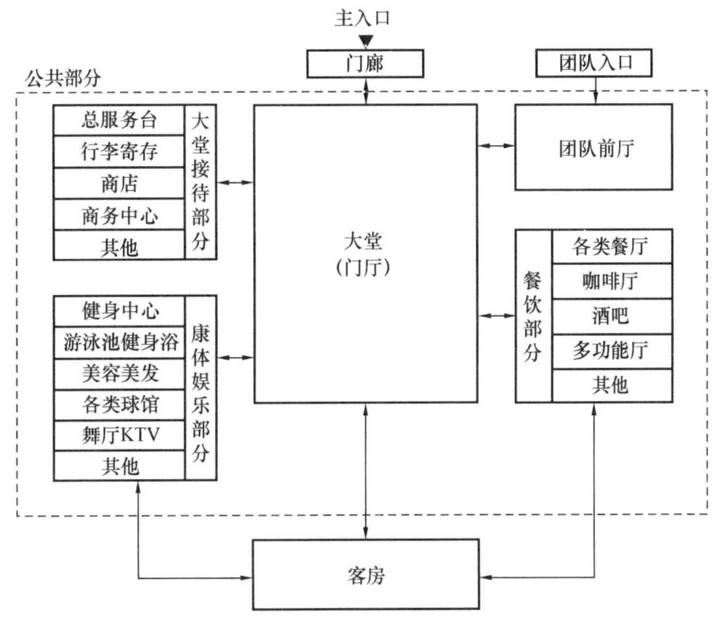

图 3.1.5　宾客流线图

（9）功能组合

旅馆各功能部分组合方式分为集中式和分散式两种。

城市旅馆由于用地有限，多为高层建筑，各功能部分采用集中式竖向叠加的组合方式，充分利用垂直空间分配功能区域。从各功能区域之间的联系和避免干扰的角度以及宾客流线等因素考虑，城市高层旅馆的功能区域通常分为地下层（停车库、后勤、机房等）、低层裙房（大堂接待、餐饮、康体娱乐活动）、主楼客房层、顶层观光厅（餐厅、酒廊）和顶部设备用房等部分。

地处风景旅游区的度假旅馆通常采用分散式庭院组合的方式，由多个设置不同功能的低（多）层建筑通过庭院、连廊等形式连接，形成平面水平展开布置的总体布局。在规划设计中要注意尽量集中相同功能的区域，构成一个功能块（图 3.1.8）。

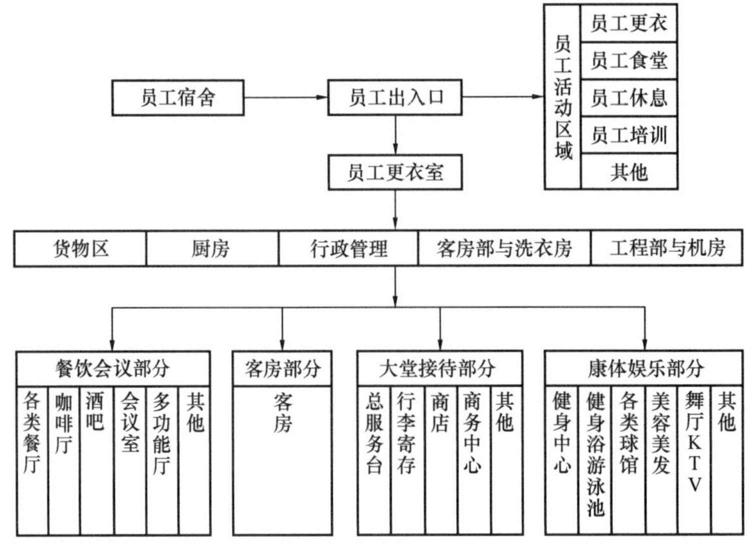

图 3.1.6 服务流线图

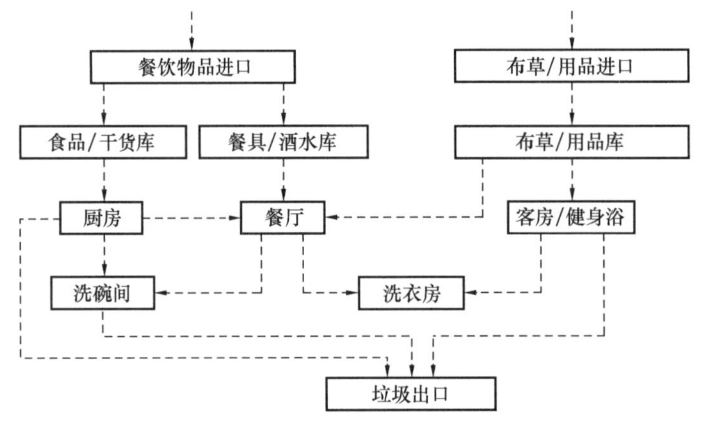

图 3.1.7 物品流线图

(10) 柱网

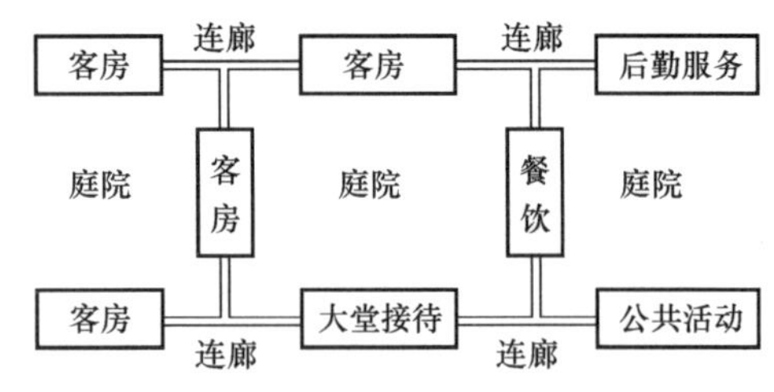

图 3.1.8 功能组合图

较为合理的旅馆建筑柱网开间一般为7.2～9.0m，这样可以使每间客房有较为舒适的3.6～4.5m的开间，同时易于组合；柱网进深应根据客房、卫生间配置标准的进深结合走廊宽度统筹确定，客房的长宽比以不超过2∶1为宜。多层、高层旅馆建筑柱网选用还应兼顾裙房公共部分功能的布置使用和地下车库停车的经济性（图3.1.9）。

(11) 层高净宽

门厅、大堂、餐厅等公共区域层高在考虑使用和装修要求的情况下，同时应满足设备安装的需要（表3.1.5、表3.1.6）。

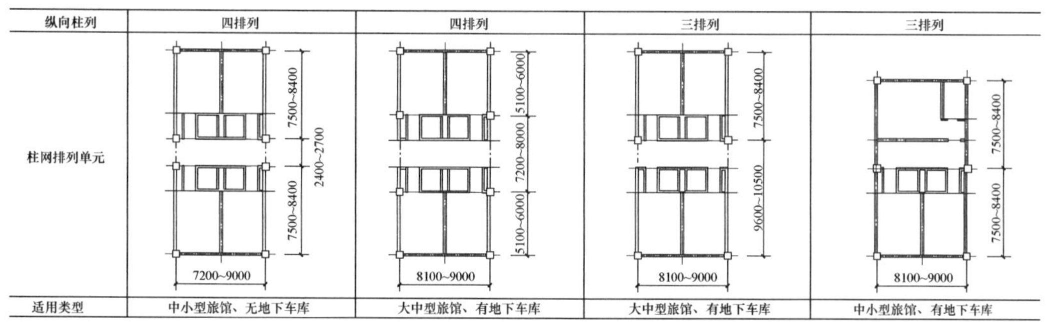

图 3.1.9　常规旅馆建筑柱网排列形式示例图

客房层室内净高要求　　**表 3.1.5**

房间部位	净高度	备注
客房居住部分	≥2.40m	设空调时
	≥2.60m	不设空调时
客房（利用坡屋顶内空间）	≥2.40m	至少有 $8m^2$ 满足高度要求
卫生间	≥ 2.20m	—
客房内走道	≥2.10m	—
客房层公共走道	≥ 2.30m	≥2.10m 即满足规范要求，但通常应≥2.30m

客房层走廊净宽要求　　**表 3.1.6**

走廊类型	净宽度	适宜宽度	备注
公共走廊	≥1.30m	1.80m	单面布置客房
	≥1.40m	2.10m	双面布置客房
客房内走道	≥1.10m	—	—
无障碍客房走道	≥1.50m	—	—
公寓式旅馆公共走道、套内入户走道	≥1.20m	—	—

门厅、大堂、餐厅等公共区域层高在考虑使用和装修要求的情况下，同时应满足设备安装的需要。

（12）电梯配置

《旅馆建筑设计规范》JBJ 62—2014 第 4.1.11 条规定：四级、五级旅馆建筑 2 层宜设乘客电梯，3 层及 3 层以上应设乘客电梯。一、二、三级旅馆建筑 3 层宜设乘客电梯，4 层及 4 层以上应设乘客电梯。

旅馆乘客电梯的台数、额定载重量和额定速度应根据旅馆的等级标准及客房数通过设计和计算确定。旅馆星级越高，客梯服务的客房数量越少。通常可按每 70～100 间客房配置 1 台额定载重量为 1000～1600kg 的客梯为标准估算。一般客房部分宜至少设置两部乘客电梯，四级及以上旅馆建筑公共部分宜设置自动扶梯或专用乘客电梯（表 3.1.7）。

大堂公共部分服务于宴会厅、多功能厅、大型会议、餐厅的自动扶梯一般采用 0.5m/s 的速度，梯面宽最小 0.9m，宽 1.0m 为宜。

旅馆乘客电梯数量　　表 3.1.7

电梯数量			常用规格额定载重量和乘客人数	常用电梯额定速度/(m/s)
常用级	舒适级	豪华级		
100 客房/台	70 客房/台	<70 客房/台	630kg（8人） 800kg（10人） 1000kg（13人） 1150kg（15人） 1350kg（18人） 1600kg（21人）	12层及以下：1.75m/s； 12～25层：2.5～3m/s； 超高层：3.5m/s以上

3.1.2　解读任务书

设计任务书 1

设计时间：某年秋季学期第 8～14 周

设计题目：乡村旅馆建筑设计

设计课题：在辽宁省沈阳市沈北新区单家村稻梦小镇修建一座集餐饮、休闲、住宿、会议等功能于一身的小型假日旅馆，规模 100～120 床位，建筑面积约 6500m²（5%增减）。地段风景优美，人文景观丰富。

建设用地：

建设地点：沈阳市沈北新区单家村稻梦小镇（详见总图）。

用地范围：详见 CAD 附图用地红线。

用地面积：18000m²

设计要求：建筑面积 6500m²（5%增减）。

房间名称及面积分配：

1）客房部分（包括客房、服务、交通面积）：2200～2300m²，共 100～120 床

（1）客房部分

单床客房　　15%

双人客房　　75%

套间　　10%

（2）服务部分：100m²

服务台、值班室　　30m²

更衣室　　20m²

被服库　　20m²

储藏间　　20m²

卫生间（包括清洁间）　　10m²（供工作人员使用）

2）公共部分：1450m²

门厅及服务台、旅客休息　　300m²

多功能厅（宴会厅）　　300m²

球类活动	120m^2
商务中心	50m^2
活动室	80m^2
健身房	120m^2
美容美发	30m^2
大会议室	120m^2
小会议室两间	260m^2
小型超市	50m^2
小件寄存	30m^2
纪念品商店	30m^2
医务室	20m^2
公共卫生间	20m^2
其他	60m^2

3）餐厅部分：1165m^2

中餐厅	150m^2，可对外营业
西餐厅	80m^2
5～6 间大小包房	80～100m^2，应设卫生间
配餐间	60m^2，包括中餐、西餐、职工餐厅、应分设
咖啡厅	150m^2
酒吧	120m^2
职工餐厅	100m^2
中餐厨房	120m^2
西餐厨房	50m^2
咖啡厨房	15m^2
职工厨房	60m^2
储藏冷库	20m^2
库房	50～60m^2，靠近厨房及运货入口，分 2～3 间
职工休息室	30m^2
管理室	20m^2
更衣室	152m^2，男女分设

4）后勤部分：785m^2

经理室	302m^2
财务室	15m^2
办公室	100m^2，可分 4～5 间
小会议室	45m^2
库房	30～40m^2，可分 2～3 间
职工更衣室	152m^2，男女分设
卫生间	30m^2

开水间	15m^2
职工医务室	15m^2
电话机房	30m^2
消防控制室	25m^2
维修办公室	302m^2
电梯机房	（面积按电梯型号确定）
变配电室	50m^2
职工浴室	100m^2
车库	80m^2
水泵房	30m^2
洗衣房	60m^2

（各部分用房面积仅为指导，方案设计中可视实际情况适当调整）

设计条件：

（1）基地条件详见 CAD 附图。

（2）建筑形象符合建筑性格特征。

（3）满足功能要求。

（4）结合基地环境，因地制宜。

成果要求：

（1）中期报告：调研报告、各阶段草图

各阶段草图均需有指导教师批阅痕迹方能计入平时成绩，否则一律作废。禁止后补草图，望大家重视过程设计！

电脑草图需提前打印成 A3 或 A4 白图，以便于指导教师批改。

（2）设计成果

① 图纸规模

在 A1 纸上排布所有建筑设计内容，打印成 A3 图幅出图，纸张要求相纸或铜版纸。

图纸总张数不少于 2 张。要求构图均衡美观，配色和谐统一，文字清晰。每张图均需注明设计标题、姓名、学号班级、指导教师基本信息、页码等内容。

② 图纸内容

总平面图：彩色总平面图，清晰表达建筑、道路、广场、景观绿化等内容；建筑单体上标注建筑名称、层数、高度、屋面标高；标注场地主要出入口及建筑主体主次出入口；表达出建筑退线、各级道路、停车等基本信息。

分析图：区位分析、交通分析、功能分析、景观绿化分析等，原则上不少于 2 个分析图，比例不限，但要求打印出 A3 能看清。

单体建筑 CAD 图：一层平面、标准层平面、立面图、剖面图，剖面图不需表达地下车库部分。所有 CAD 图均需填色，打印出 A3 图纸需能看清所有文字、数字标注，比例恰当。

效果图：单体建筑透视图不少于 3 张，鸟瞰图不少于 1 张。

园区及建筑局部小透视数量不限。

经济技术指标表：具体按指导老师要求。

	时间	设计内容
进度计划	第一周	1. 多层旅馆建筑设计原理讲述；任务书讲解；设计分组、安排调研内容、布置调研报告要求 2. 旅馆建筑设计规范解读、调研报告分析、分享案例
	第二周	1. 初步立意构思，调研报告汇报 2. 总平面、平面设计的要求及设计分析、学生汇报调研报告
	第三周	1. 立面设计分析、构思讨论调整平面图，构思并整体把握建筑造型，讲评草图 2. 旅馆建筑的设计细部尺寸的介绍、基本空间组合设计
	第四周	1. 交通空间组织、完善构思表达图 2. 结合课程设计指导书的要求，完善构思表达图、设计深入细化
	第五周	1. 把握主要使用房间的设计，深化建筑立面和细部处理 2. 特色空间设计、调整内部空间尺度、注意人体工程学
	第六周	1. 建筑各类图的绘制与表达 2. 绘图及调整
	第七周	1. 绘图及调整 2. 完善图面，收成图及点评

附图

设计任务书 2

设计时间：2022 年秋季学期第 8～14 周

设计题目：乡村旅馆建筑设计

设计课题：为响应国家乡村振兴号召，完善乡村服务设施，改善村民生活经济条件，大孤柳村决定对现有村房用地进行重新开发，兴建旅游配套民宿旅馆。

大孤柳村位于沈阳市沈北新区兴隆台街道，紧邻单家村稻梦小镇景区。村集体受稻梦小镇蓬勃发展启发，决心利用乡村自然资源吸引城市人群到此休闲娱乐，拟建一处集中式民宿酒店。拟拆除老旧危房，对本地块重新进行规划设计，最终成果包含一处集中式民宿酒店以及局部分散式高端民宿。旨在打造适宜的休闲短途游配套民宿旅馆，提升乡村旅游居住品质。最终成果需使整体形象符合东北乡村地域性发展需求。

建设用地：

建设地点：沈阳市沈北新区兴隆台街道（详见总图）。

用地范围：该用地地势平坦，北侧为单家村稻梦小镇风景区稻田；南侧临、西侧均为自然村内部道路，东侧有一处鱼塘（详见总图）。

用地面积：约 13000m^2。

设计要求：建筑面积 6500m^2（5%增减）。

市场定位：特色中高端精品度假旅馆产品。

旅馆形式：在场地的适当部位形成一个集中式旅馆，其中包含住宿、餐厅、咖啡屋等。

具体功能面积如下：

1）客房部分：（包括客房、服务、交通面积）：2200～2500m^2，大约 100 床。

（1）客房部分

单床客房	10%
双人客房	75%
套房	15%

（2）服务部分：100m^2

服务台、值班室	30m^2
更衣室	20m^2
被服库	20m^2
储藏间	20m^2
卫生间（包括清洁间）	10m^2（供工作人员使用）

2）公共部分：1450m^2

门厅及服务台、旅客休息	300m^2
多功能厅（宴会厅）	300m^2
球类活动	120m^2
商务中心	50m^2
活动室	80m^2

健身房	$120m^2$
美容美发	$30m^2$
大会议室	$120m^2$
小会议室两间	$260m^2$
小型超市	$50m^2$
小件寄存	$30m^2$
纪念品商店	$30m^2$
医务室	$20m^2$
公共卫生间	$20m^2$
其他	$60m^2$

3）餐厅部分：$1165m^2$

中餐厅	$150m^2$，可对外营业
西餐厅	$80m^2$
5～6 间大小包房	$80\sim100m^2$，应设卫生间
配餐间	$60m^2$，包括中餐、西餐、职工餐厅、应分设
咖啡厅	$150m^2$
酒吧	$120m^2$
职工餐厅	$100m^2$
中餐厨房	$120m^2$
西餐厨房	$50m^2$
咖啡厨房	$15m^2$
职工厨房	$60m^2$
储藏冷库	$20m^2$
库房	$50\sim60m^2$，靠近厨房及运货入口，分 2～3 间
职工休息室	$30m^2$
管理室	$20m^2$
更衣室	$152m^2$，男女分设

4）后勤部分：$785m^2$

经理室	$302m^2$
财务室	$15m^2$
办公室	$100m^2$，可分 4～5 间
小会议室	$45m^2$
库房	$30\sim40m^2$，可分 2～3 间
职工更衣室	$152m^2$，男女分设
卫生间	$30m^2$
开水间	$15m^2$
职工医务室	$15m^2$
电话机房	$30m^2$

消防控制室 $25m^2$
维修办公室 $302m^2$
电梯机房 （面积按电梯型号确定）
变配电室 $50m^2$
职工浴室 $100m^2$
车库 $80m^2$
水泵房 $30m^2$
洗衣房 $60m^2$

（各部分用房面积仅为指导，方案设计中可视实际情况适当调整）

设计条件：

（1）基地条件详见 CAD 附图。

（2）建筑形象符合建筑性格特征。

（3）满足功能要求。

（4）结合基地环境，因地制宜。

成果要求：

（1）中期报告：调研报告、各阶段草图

各阶段草图均需有指导教师批阅痕迹方能计入平时成绩，否则一律作废。禁止后补草图，望大家重视过程设计！

电脑草图需提前打印成 A3 或 A4 白图，以便于指导教师批改。

（2）设计成果：

① 图纸规模

在 A1 纸上排布所有建筑设计内容，打印成 A3 图幅出图，纸张要求相纸或铜版纸。

图纸总张数不少于 2 张。要求构图均衡美观，配色和谐统一，文字清晰。每张图均需注明设计标题、姓名、学号、班级、指导教师基本信息、页码等内容。

② 图纸内容

总平面图：彩色总平面图，清晰表达建筑、道路、广场、景观绿化等内容；建筑单体上标注建筑名称、层数、高度、屋面标高；标注场地主要出入口及建筑主体主次出入口；表达出建筑退线、各级道路、停车等基本信息。

分析图：区位分析、交通分析、功能分析、景观绿化分析等，原则上不少于 2 个分析图，比例不限，但要求打印出 A3 能看清。

单体建筑 CAD 图：一层平面、标准层平面、立面图、剖面图，剖面图不需表达地下车库部分。所有 CAD 图均需填色，打印出 A3 图纸需能看清所有文字、数字标注，比例恰当。

效果图：单体建筑透视图不少于 3 张，鸟瞰图不少于 1 张。

园区及建筑局部小透视数量不限。

经济技术指标表：具体按指导老师要求。

	时间	设计内容
进度计划	第一周	1. 多层旅馆建筑设计原理讲述；任务书讲解；设计分组、安排调研内容、布置调研报告要求 2. 旅馆建筑设计规范解读、调研报告分析、分享案例
	第二周	1. 初步立意构思，调研报告汇报 2. 总平面、平面设计的要求及设计分析、学生汇报调研报告
	第三周	1. 立面设计分析、构思讨论调整平面图，构思并整体把握建筑造型，讲评草图 2. 旅馆建筑设计细部尺寸的介绍、基本空间组合设计
	第四周	1. 交通空间组织，完善构思表达图 2. 结合课程设计指导书的要求，完善构思表达图，设计深入细化
	第五周	1. 把握主要使用房间的设计，深化建筑立面和细部处理 2. 特色空间设计，调整内部空间尺度，注意人体工程学
	第六周	1. 建筑各类图的绘制与表达 2. 绘图及调整
	第七周	1. 绘图及调整 2. 完善图面，收成图及点评

附图

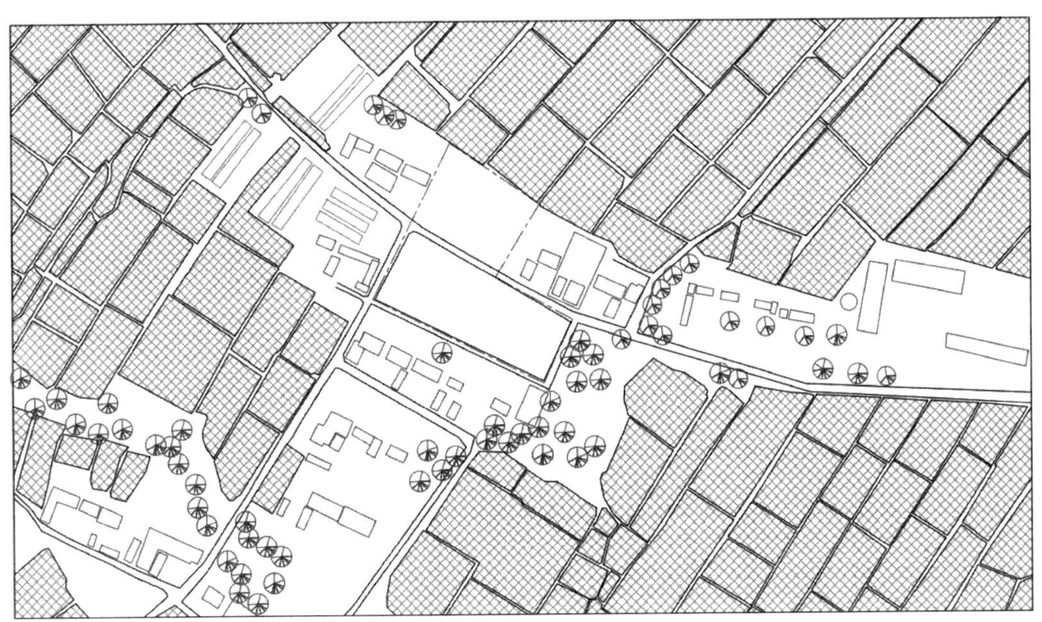

任务书是学生了解本次课程设计的第一手材料，学生首先要了解项目的基本情况、基地选址、建筑规模、建筑类型、基本要求等，根据任务书要求，进行设计分析，核对主要技术经济指标，对给定的房间及房间面积进行分类，为进一步设计作准备。可以对学生进行分组，以便后续小组讨论及汇报等，同时增强学生的团队合作能力。

关于方案设计和绘制

（1）建筑立意（小组讨论）

分析本次设计的主要矛盾。比如，结构选型与空间要求的矛盾，大空间与小空间互相组织的矛盾等。

选择其中一个或几个矛盾，设想解决方案，给本次设计定一个大的目标方向。

搜集与分析各方面资料。

现实中度假酒店（旅馆）建筑案例分析。有什么优缺点？

本次设计场地是什么样的？周边环境如何？

《建筑设计资料集》《建筑设计规范》都有哪些条文？

任务书提出的要求都有什么？

功能及流线设计（PPT 展示）

多个空间的设计及组合（PPT 展示）

考虑大堂空间、住宿空间与配套服务房间是如何组织的，有没有留出面积做交通空间、活动/商业空间、其他辅助房间？

一共做几层？每层多大？采用哪种空间形式？走廊多宽？楼梯在哪？层高多少？柱网如何布置？

总平面设计（画图并当堂检查）。

建筑如何布局？建筑主入口在哪？场地出入口在哪？景观绿地在哪？建筑间距是否合适？道路设计是否合理？朝向是否正确？室外空间围合是否有特色？

（2）绘图及调整

按照任务书要求，按比例绘制设计图。对之前的设计内容进行修改和调整。

（3）特色设计

建筑立意是否实现？形体比例尺度是否舒适？立面设计是否符合虚实对比、方向对比？建筑内部空间是否有特色？做出电脑模型推敲。

（4）细节设计

室内外高差及入口台阶、坡道、雨棚设计，层高及楼梯详图设计，梁高及门窗大样设计，阳台栏板及空调外挂机位设计，屋顶排水构造设计，楼号文字设计，材料分界线设计，其他装饰设计。

（5）技术经济指标计算

（6）绘制成图制作模型

3.1.3 课后作业

（1）整理笔记

（2）梳理任务书，核对指标

（3）搜集资料，为调研作准备

3.2　调研（第2～4次课）

3.2.1　带领学生实地调研（第2次课）

调研是学生了解真实项目的最直接的手段。学生通过任务书了解项目的基本情况，需要调研来支撑理论。同时调研也可以锻炼观察、自主思考能力，找到设计的出发点和设计概念的由来（图3.2.1）。

图3.2.1　学生实地现场调研

1. 调研

一般来说，调研分为六个阶段。

（1）现场背景调研

在设计初期，最先做的就是地形调研。了解地形周边关系、地形气候、历史背景、地理背景、周边自然环境、人文环境等，地形内部情况，地形地貌等，场地周边流线、周围建筑风格、周围建筑功能，以及文化、经济、历史、政治等宏观因素对场地的影响。这些信息一般通过网络搜集的方式进行。

场地分析可分为两个层次：一是场地内部与场地外部的关系，二是场地内部各要素的分析。

场地分析通常从对项目场地在城市地区图上定位，以及对周边地区、邻近地区规划因素的调查开始，获得一些有用的东西，如周围地形特征、土地利用情况、道路和交通网络、休闲资源，以及商贸和文化中心等。这些与项目相关的场地外围背景，对场地功能的确定有着重要的影响，充分了解这些有利于确定设计基地的功能、性质、服务人群及确定场地主次要出入口的合理位置、喧闹娱乐区的位置、安静休息区的位置等。

（2）现场实地调研

实地探访周边情况，感受周围环境，通过手绘草图或拍照的方式记录下现场调研的经过，感受实地建筑环境；观察周边活动、人的行为等；保持敏锐的视觉、听觉、嗅觉、触觉，捕捉实际场地的空间环境与氛围。

现场调查阶段往往在资料的基础上进行，因为资料可能没有记录或者发生改变或者有误，应该拍照反映基地的真实情况。然后要注意观察人群活动，注意建成环境（历史、形制、产权情况），多和不同年龄、职业的人沟通交流（图 3.2.2）。

图 3.2.2　学生实地现场调研

（3）现场问题调研

现场问题调研一般需要学生长时间蹲点调研，发现建筑空间与生活需求的矛盾。

有时候需要进行问卷调研。对于使用者的调研，不单单是观察他们，还需要听取他们的意见、要求，这时就需要问卷调查。问卷调查优缺点都有，一般建议与直接调查结合。

（4）数据分析调研

在探索性分析的基础上提出一类或几类可能的模型，然后通过进一步的分析从中挑选一定的模型。通常使用数理统计方法对所定模型或估计的可靠程度和精确程度作出推断。

① 收集数据

有目的地收集数据，是确保数据分析过程有效的基础，组织需要对收集数据的内容、渠道、方法进行策划。策划时应考虑将识别的需求转化为具体的要求，如评价供方时，需要收集的数据可能包括其过程能力、测量系统不确定度等相关数据；明确由谁在何时何处，通过何种渠道和方法收集数据；记录表应便于使用，采取有效措施，防止数据丢失和虚假数据对系统的干扰。

② 分析数据

分析数据是将收集的数据通过加工、整理和分析，使其转化为信息，通常使用的方法有：

老七种工具，即排列图、因果图、分层法、调查表、散布图、直方图、控制图；

新七种工具，即关联图、系统图、矩阵图、KJ 法、计划评审技术、PDPC 法、矩阵数据图。

（5）案例分析调研

案例分析调研对于初学者是必不可少的环节，一般需要对与所设计建筑类型、功能、地形相关的建筑作品进行分析。

（6）立意主题调研

充分挖掘当地文化，场地中以实体形式存在的历史文化资源如文物古迹、摩崖石刻、诗联匾额、壁画雕刻等，以及以虚体形式存在的场地所在区域的历史故事、神话传说、名人事迹、民俗风情、文学艺术作品等，都可以为建筑设计立意提供主题线索。

老师可以带领学生到项目基地进行调研，调研基地周边的现状，如道路交通、周边环境、现有建筑、周边的建筑及文化特点等，收集资料，提炼设计的初步理念及构思，还可以调研与本次课程设计相近类型的建筑，了解旅馆建筑的设计流线及基本功能组成，重点了解各出入口设置、客房、入口大堂、餐厅厨房等。重要部位需要进行现场测量，记录相关数据，与课堂讲解的旅馆设计原理相结合。

除了实地调研，还可以根据实际情况进行书籍资料调研和网络调研。调研要尽量寻找较新的项目，并且应该与本次设计的地理位置、设计规模接近，以便更好地支撑设计。

2. 区位分析

区位分析主要分析建筑所在区位等级。比如本次课程设计项目在沈阳市的沈北新区单家村，就要分析从沈阳市到沈北新区再到单家村的情况，要交代清楚区位以及与周边主要建筑的关系。

3. 现状环境分析

现状环境分析一般是在一张地图上标记清楚建筑的位置、轮廓线，一般会配上基底周边的现状照片。再分析细致一些就要交代分析的结论，以及对方案下一步深化的指导性意义。

4. 现状交通分析

现状交通分析主要分析基地内外的交通关系。需要厘清城市交通和基底内部交通的关系以及人车分流的处理。

5. 编写调研报告

学生根据实地调研、书籍资料调研、网络调研等获得的资料，进行调研报告编写。

调研报告编写要求：

（1）调研报告应为 5 张以上的 A3 纸；

（2）基地分析，分析任务书中的基地，包括但不限于场地内部，外部周边道路、环境、建筑等；

（3）实例调研，调研相近规模、类型建筑；

（4）优秀案例调研，3～5 个，至少一个完整案例；

（5）规范资料调研。

3.2.2 调研汇报及总结（第 3～4 次课）

学生在课后按要求完成调研报告编写，课上进行调研报告汇报，可按小组逐一进行汇报。汇报也是建筑设计师需要培养的一项重要能力。同学们可以通过汇报，了解自己的优势和不足，互相学习借鉴，不断提高个人能力。教师对学生的汇报进行点评，指出优点和不足，还可通过点评，进行重要知识点的输出；也可以为学生解读一些实际案例，以便学生更好地完成设计。

3.3 设计过程（一、二、三草阶段 第 5～12 次课）

3.3.1 一草阶段（方案概念设计 第 5～6 次课）

学生一般会在汇报完调研成果之后的第五次课进入一草阶段（第一次创作的草图，简称“一草”，以下“二草”“三草”表达同此）即方案概念设计，学生在调研的过程中，就要有意识地进行自己的方案构思，在进入一草阶段的时候，应该有基本的设计理念及构思。

一草应画出总图、平面及初步立面，比例尺可比正式图小，但要求完整反映其设计构思，并有一定表现力。作出形体辅助草模。

1. 课程讲授

1）总平面设计

（1）基本原则

① 对旅馆基地的地形地貌、周围建筑的历史文化、主要景观、主要噪声源、污染源、市政设施状况等进行调查分析，获取基础资料，使总平面布置与基地环境相适应。

② 满足城乡规划与城市设计的要求。

③ 争取良好景观，提高环境质量。

④ 区分客人及后勤出入口，合理组织交通，人车分流。

⑤ 场地设计应结合旅馆室外标识物及标图的要求。

（2）选址

① 选址应符合当地城乡规划要求。

② 根据其不同类型、使用目的、经营方式等，选址可位于城市中心、市郊景区、交通线附近、风景名胜区等。不同选址适合的旅馆类型及特点不同。

③ 城市旅馆选址可从城市、地段、基地三个层次进行考虑。

④ 在历史文化名城、历史文化保护区、风景名胜区及重点文物保护单位附近，旅馆建筑选址与建筑布局应符合国家和地方有关管理条例及保护规划要求，且应与自然环境及周围的环境相协调。

（3）总平面组成

① 旅馆总平面通常由建筑、广场、道路、停车场、庭园绿化与小品等组成。

② 总平面组成可随基地条件、旅馆等级、规模、性质等的不同而变化。根据需要，还可考虑设置露天茶座、网球场、游泳池及高尔夫球场等（图 3.3.1）。

图 3.3.1 旅馆总平面组成内容

2）交通组织

（1）基本原则

① 根据基地条件、旅馆功能所需各出入口、城市道路功能要求，合理组织临近建筑交通，将基地内交通流线与外部城市道路的交通流线有机结合；

② 尽可能减少人流与车流之间、不同性质车流之间的交叉或干扰；

③ 合理设置基地机动车出入口，减缓对城市干道的影响，基地机动车出入口的位置应符合国家规范和地方规定；

④ 有足够人流与车流的集散、停留空间；

⑤ 各种流线均需醒目、方便快捷。

（2）空间划分

① 总平面内应分为客人活动空间、后勤服务空间；

② 有条件时应在两个区域内分设独立的机动车出入口与车道，并以辅助车道作联系。

（3）入口广场设计

① 客人的出入口常设广场以作缓冲空间，车道则通向停车场所和城市道路；

② 广场面积可根据基地条件、旅馆规模和等级等确定，满足车辆回转、停放要求，尽可能使车辆出入便捷，不互相交叉。

（4）旅馆出入口步行道设计

步行道系城市至旅馆主要出入口门前的人行道，应与城市人行道相连，保证步行至旅馆的旅客的安全。

① 在旅馆出入口前适当放宽步行道；

② 步行道不应穿过停车场，需避免与车行道交叉（图 3.3.2）。

（5）出入口

① 应合理划分各功能分区，组织各种出入口，使客人流线与服务流线互不交叉。至少应将客人出入口和后勤出入口分开。

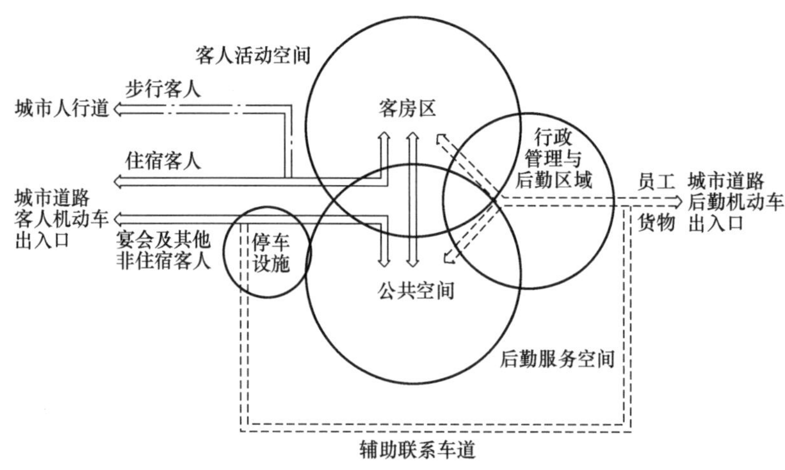

图 3.3.2　旅馆交通组织示意简图

② 客人出入口包括主要出入口、团体出入口、宴会与商场出入口；后勤出入口包括员工出入口、货物出入口、垃圾污物出口。旅馆出入口可根据旅馆的规模、等级、性质及管理要求等确定。

③ 当旅馆建筑与其他建筑共建在同一基地内或处于同一建筑内时，旅馆部分应有单独分区，便于管理，客人使用的主要出入口宜独立设置。

④ 在多功能综合建筑中，旅馆占其中部分楼层。旅馆部分需有单独出入口，并有设施将客人迅速送达旅馆的接待大堂（图 3.3.3，表 3.3.1）。

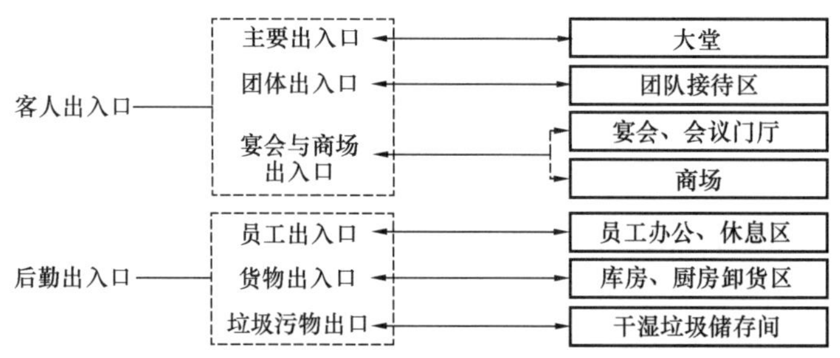

图 3.3.3　旅馆出入口示意简图

出入口设计要点　　**表 3.3.1**

出入口类型		功能	设计要点
客人出入口	主要出入口	最主要的出入口，用于乘车及步行到达的住宿旅客，也可让访客、外来客人进入旅馆内餐厅及公共活动场所	1. 在主要道路旁，位于建筑中最突出、明显的位置，应有明显的标识系统，并能引导旅客直接到达门厅； 2. 应考虑机动车上、下客的需求，根据使用要求设置车行道，一般旅馆车行道宽至少 5.5m（通常 6.0m 以上），以便两辆小客车通行； 3. 通常设雨篷、过街楼覆盖入口区上方，使旅客上下车时可避免雨淋日晒

续表

出入口类型		功能	设计要点
客人出入口	团体出入口	供团体客人进出	1. 为便于及时疏导集中的人流，减少主入口人流，在主入口边设置专供团体客车停靠的团体出入口； 2. 车行道上部净高一般应大于 4m 以便大客车通行
	宴会与商场出入口	用于出席宴会、会议及商场购物的单独出入	出入口设置应避免大量非住宿客人影响住宿客人的活动
后勤出入口	员工出入口	用于旅馆员工上下班进出	设在员工工作及生活区域，位置宜隐蔽，不让客人误入
	货物出入口	用于旅馆货物出入	1. 位置靠近物品仓库与厨房部分，远离旅客活动区以免干扰客人； 2. 需考虑货车停靠、出入及卸货平台； 3. 大型旅馆须考虑食品冷藏车的出入，并将食品与其他货物分开卸货，以利于洁污分流
	垃圾污物出口	用于垃圾污物运出	位置要隐蔽，处于下风向

（6）入口广场

根据旅馆的规模和等级，尤其是大型旅馆总平面设计需要有一个入口广场，除了有序地组织车辆和人行流线、与外部城市道路形成良好衔接外，还可以通过独具特色的景观设计和导向标识，来营造旅馆鲜明的入口形象与氛围。

（7）车道设计

① 旅馆入口车道须清晰安全、进出分开，道路一般采用单行流线，出入口应有标识牌作为车辆的引导。

② 后勤服务车道应与客用车道分开，同时应布置隐蔽，不影响主入口视线景观。

③ 车行区域设计必须考虑客人的安全。

（8）停车场

停车方式：可根据基地条件，采取地面停车、地下车库及地面多层车库等停车方式。

① 用地紧张的大中城市，为节约用地，应充分利用地下空间；

② 由于停车场汽车出入噪声大，地面停车场应避免靠近客房部分。

设计要点：

① 地面多层车库位置应不影响城市和旅馆的主要景观视角、视线，尽量隐蔽；

② 主入口前应设临时停车位，方便接送客人；

③ 设有团体出入口的旅馆应考虑大客车停车位；

④ 高等级的旅馆主要人流出入口附近宜设置专用的出租车排队候客车道，并不宜占用城市道路；

⑤ 应设置卸货车位。

3）景观环境

（1）基地外部景观利用

① 无论是城市旅馆还是风景名胜区旅馆，均需争取良好景观，提高环境质量，尤其是客房和主要公共活动空间；这不仅是旅馆创造舒适环境以使客人获得极大精神享受的重要方面，也利于旅馆的经营，同时还反映旅馆的特征；

② 位于风景名胜区的旅馆，应遵循尽最大可能保护自然风景的原则，使建筑与环境有机结合。

（2）基地内部景观塑造

① 应注意提高旅馆基地内室外环境的质量，设计内容主要包括庭园绿化、室外活动场地、建筑小品和雕塑等；

② 庭园绿化在室外环境塑造中起主导作用，其设计风格应能显示旅馆的文化属性，并与建筑设计风格相呼应；

③ 绿地面积的指标应符合当地规划主管部门的规定，栽种的树种应根据城市气候、土壤和净化空气等条件确定；

④ 因地制宜设计屋顶花园；

⑤ 室外停车场宜采取结合绿化的遮阳措施；

⑥ 室外活动场地的组成内容根据旅馆等级、性质的不同而差别较大；度假型旅馆建筑室外活动场地宜结合绿化做好景观设计；场地设计还应结合旅馆室外标识的要求；

⑦ 应对各部分的噪声作分区处理；对旅馆使用活动中和各种设备所产生的噪声与废气，应根据卫生和环境保护等要求采取措施，避免对旅馆建筑的公共部分、客房部分等产生不良影响；同时尽可能减少噪声、废气及污水对外部环境和邻近建筑的影响。

（3）布置形式

旅馆总平面布局随基地条件、周围环境状况、旅馆等级、类型等因素而变化，根据客房部分、公共部分、后勤部分的不同组合，可概括为分散式、集中式、混合式等几种方式。

① 分散式

适用于宽敞基地，各部分按使用性质进行合理分区，各幢客房楼可按不同等级采取不同标准，有广泛的适应性。但分散式布局也存在设备管线长、服务路线长、能源消耗增加、管理不便等问题。同时，服务员的配置与工作模数相差较多，增加了服务员人数，不够经济。

② 水平集中式

市郊、风景区旅馆常采用水平集中式。客房、公共、后勤等各部分相对集中，并在水平方向连接，按功能关系、景观方向、出入口与交通组织、体形塑造等因素有机结合。用地较分散式紧凑。一般水平集中式的水平交通路线、管线仍嫌过长。

③ 竖向集中式

适用于城市中心、基地狭小的高层旅馆，其客房、公共、后勤各部分在一幢建筑内竖向叠合。这种布局方式对公共部分大空间的设置会造成一定难度。还需注意停车场布置、绿地组织及整体空间效果。

④ 水平、竖向结合的集中式

系高层客房带裙房的方式，是城市旅馆普遍采用的总体布局方式，既有交通路线短、紧凑经济的特点，又不像竖向集中式那样局促。裙房公共部分的功能内容、空间构成可随旅馆规模、等级、基地条件的差异而变化。

⑤ 混合式

市郊旅馆基地面积较大或客房楼高度有限制时，常采用客房楼分散、公共部分集中这种分散与集中相结合的混合式布局方式。

2. 方案构思

根据总平面设计的原则、调研的基础资料以及总平面构成要素等进行方案构思。除总平面设计的原则要求外，还应给学生讲解分析一些与本次设计相近的案例，仔细剖析设计要点的细节部分，反复强调，加深印象。

1）建筑方案构思的方法

（1）建筑沿革法

建筑沿革法主要通过系统地对以往的建筑设计进行分析，从中研究和提炼自然的法则、历史、文化与人类的生活习惯及思想，以这些作为建筑设计的出发点，从而进行相关的建筑设计，通过设计的建筑去改变人们的生活习惯及行为习惯，这种方法对于建筑师是非常难掌握的。

（2）符号象征法

符号象征法是把约定俗成的符号使用在建筑表面或内部的装饰部位，或是用符号来演绎建筑平面和空间体量。虽然很多的建筑在设计时生硬地照搬这一特定的符号，并不一定能很好地体现建筑的文化，但是这种方法还是大量地运用在一些对建筑形象有特殊要求的建筑中，例如企业在作建筑设计时，想把企业符号融入其中来展示企业的形象等。

（3）平面功能法

平面功能法是解决绝大部分建筑功能的重要方法。对建筑物进行功能分析时就会对建筑平面进行具体分析，平面处理的好坏将直接影响建筑的使用功能。所以我们所要研究的是怎样通过使用科学的设计方法，设计出合理的建筑使用功能。平面功能法主要是先分析用地之间的关系，通过了解建筑物使用的性质，从建筑的使用功能出发进行平面的合理组合，并且考虑建筑的空间设计。

（4）结构法

结构法是结构主义的建筑设计方法，其宗旨是通过建筑的结构形式来表达建筑的设计。建筑空间与结构的关系是密不可分的，可以通过结构设计的表达来诠释建筑物的性质和形式。

（5）构图法

搞清楚如何对建筑进行定位是使用构图法进行建筑设计的一个重要前提。建筑设计通过构图的几个重要因素来分析几何形体之间的关系，从中分析出形体之间的主从、比例、对比、均衡、韵律等形式美规律。

（6）综合法

这种方法是以上几种方法的综合。在很多的群体建筑设计中，将不同的个体建筑分析为不同的几何形体来作为总体设计的一个大方向，使每个建筑单体之间都存在着相互影响的关系，这种手法通常运用在大型的综合建筑设计中。

学生可以根据但不限于以上构思方法找到各自设计构思的出发点，从而完成方案构思的生成。

2）建筑方案设计五大流程

重点了解并掌握建筑方案设计的五大流程，并从这五个方面出发，完成方案概念设计。

（1）功能分析

功能是建筑设计的价值所在，是一切建筑设计的出发点，是建筑的本质，它是为满足人民的实际需求，在尊重业主设计要求的前提下，用专业的角度引领业主回归建筑的本质属性，设计出满足业主自身需求的建筑作品（同时还要满足国家规范对建筑功能属性的规定）。

功能分析包括用地范围内建筑之间的功能关系，单体建筑自身各个功能区之间的相互关系。

（2）交通分析

交通分析，包括外部交通分析、内部交通分析。

外部交通分析，包括用地范围外的机动车出入口、人行出入口等。

内部交通分析，包括用地范围内的机动车道、地下车库、人行道路等。

交通联系是建筑之间、单体建筑内部功能区的联系纽带。把建筑功能和交通分析好，各个单体建筑的方位也就大致确定了。

（3）环境分析

环境分析，包括外部环境分析和内部环境分析。

外部环境，包括用地范围周边的外部环境，如河流湖泊、古树名木、古迹遗址、商业配套、学校、医院、公园等。

内部环境，包括用地范围内现有的可以保留的自然景观、内部景观和外部景观的延展和融合。

（4）消防分析

消防设计是建筑设计的重中之重，是建筑师做建筑设计时的职责所在。建筑方案设计要满足建筑设计防火规范的要求。

消防分析，包括整体消防分析、单体消防分析。

地块整体消防分析：地块消防车道出入口、消防车道、消防登高场地等。

单体建筑消防分析：单体建筑的防火分区划分、安全出口个数、疏散距离、楼梯设置、消防电梯设置等。

（5）立面分析

建筑外立面设计，是业主关注的一个焦点，建筑方案设计，不仅要满足甲方业主对建筑外立面的美观要求，还要从城市设计的角度考虑，为城市的外立面增光添彩。

建筑外立面设计，要从所在地块的环境分析中提炼出差异化、独特性的建筑特质，既要与周边建筑环境相协调，又要创作出特色精品建筑。

3. 课后要求

① 整理课堂笔记。

② 根据课上讲授的内容，按要求完成一草阶段方案概念设计。

4. 点评一草阶段成果

3.3.2　二草阶段（方案初步设计　第7～10次课）

这一阶段的主要工作是修改并确定方案以及进行细部设计。学生应根据自己的分析和教师的意见，弄清一草方案的优缺点，通过听课、学习有关资料，扩大眼界、丰富知识，吸取其中有益经验，修改并确定方案。修改一般宜在原方案基础上进行，不得再作重大改变。

1. 课程讲授

1）平面形式

乡村旅馆一般为低层旅馆、度假旅馆，常位于城市郊区或风景区，占地较大，多采用庭院式布局，其客房平面设计自由灵活，因地制宜。

2）平面功能组成

旅馆平面一般由客房部分、公共部分、后勤部分组成。

（1）客房部分

客房部分由客房层组成，客房层包括各类客房、走道、楼电梯、服务用房、设备用房等。

设计要点

① 标准客房层由客房、服务用房、设备用房和垂直交通等部分组成。

② 标准客房层的平面形式应充分考虑地形环境、景观朝向、建筑节能和结构形式等因素。

③ 标准客房层的规模应考虑平面的合理性与经济性，并因旅馆类型、等级、规模、经营等不同存在差异。每层客房间数宜按照服务人员工作客房数的整倍数确定，一般按不同等级分别为10～16间/服务员。

④ 标准客房层疏散楼梯设置需分布均衡，距离适中，符合建筑设计防火规范要求。

⑤ 服务台的设置根据管理要求确定。

⑥ 服务用房根据管理要求可每层或隔层设置，服务用房靠近服务电梯布置，位置应隐蔽，由服务间、储存、厕所、污衣管井等部分组成。

⑦ 客房层走道当单面布置房间时净宽≥1.3m，双面布置房间时净宽≥1.4m；客房层走道的净高应≥2.1m。

客房的基本内容

① 旅馆客房类型有标准单床间、标准双床间、无障碍客房、行政套房、豪华套房和总统套房等。不同类型旅馆房型配置不相同，一般旅馆只设标准间和少量套房。根据本次课程设计的任务书，要设计的客房类型有标准单床间、标准双床间、普通套房（行政套房）、无障碍客房，具体比例见任务书。

② 标准间（不论单床或双床）占一个自然间，普通套房（行政套房）是自然间面积的2倍，豪华套房为自然间的3倍，总统套房不少于自然间面积的4～6倍，无障碍客房一般按客房总数的1%配置。

③ 客房应有适宜的尺度，长宽比不宜超过 2∶1；客房平面尺寸应适合家具的布置。

④ 客房净高应大于等于 2.4m，卫生间净高大于等于 2.2m，客房内走道净宽应大于等于 2.1m，客房入口门的净宽应大于等于 0.9m，门洞高度应大于等于 2.1m。

⑤ 一个标准的客房主要由睡眠、起居、电视、书写、卫浴、储藏等几个功能区域组成（图 3.3.4）。

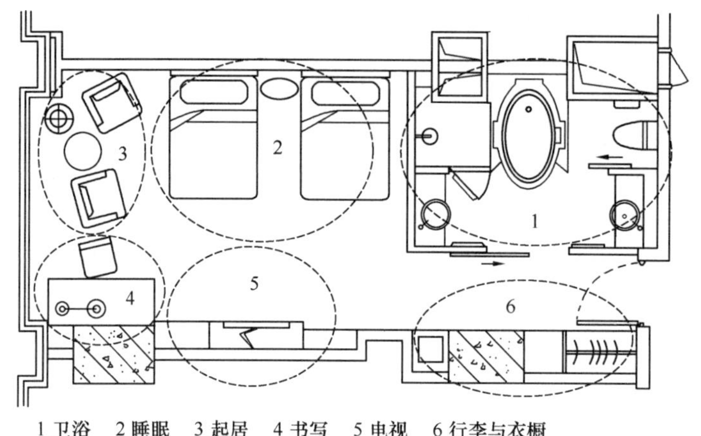

图 3.3.4　旅馆客房功能区域构成图

标准间

在一个自然间内满足客房的基本功能要求，形成一个包括住宿空间和卫生间的独立空间，称为标准间，标准间构成了客房层的基本单元。标准间放一张大床为标准大床间，放两张单人床为标准双床间。不同等级、类型旅馆的标准间类型不同（图 3.3.5）。

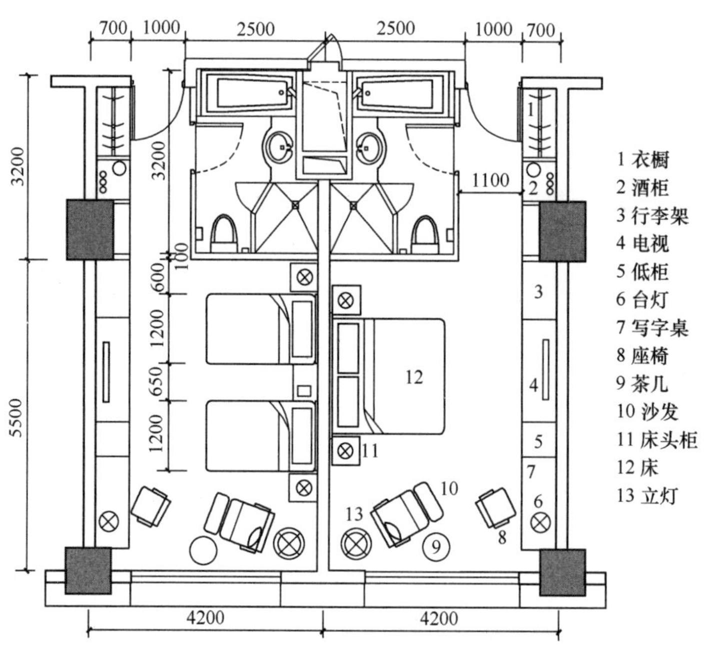

图 3.3.5　旅馆标准客房（双床间和大床间）单元平面图

● 无障碍客房

无障碍客房的设计应符合现行的《无障碍设计规范》GB 50763—2012、《旅馆建筑设计规范》JGJ 62—2014，并达到管理公司的标准要求。无障碍客房数量一般按客房总（套）数的1％设置。在可能条件下和毗邻的标准房相连通，以方便陪护（图 3.3.6）。

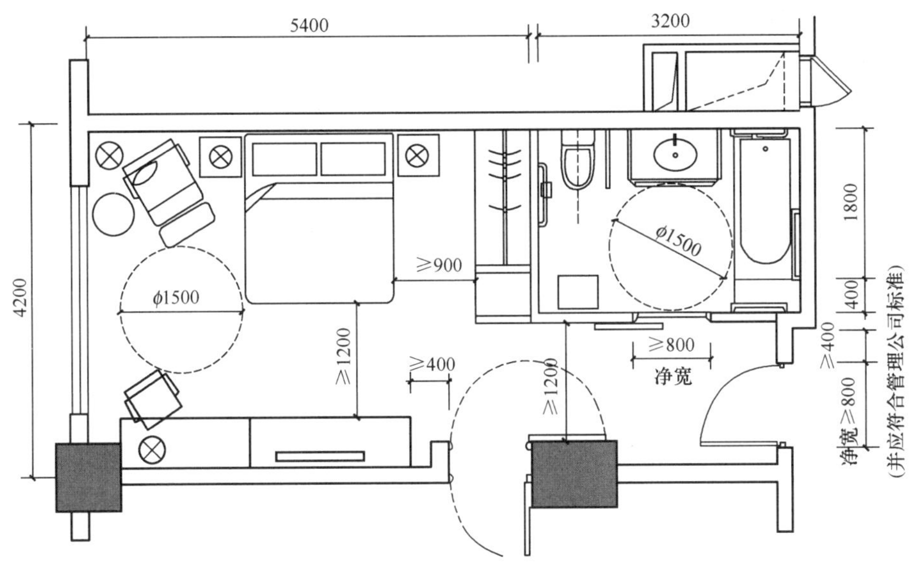

图 3.3.6　旅馆无障碍客房平面图

● 套房

将起居、活动、阅读和会客等功能与睡眠、化妆、更衣和洗浴功能分开设置，由 2 个或 3 个自然间布置成套房（图 3.3.7、图 3.3.8）。

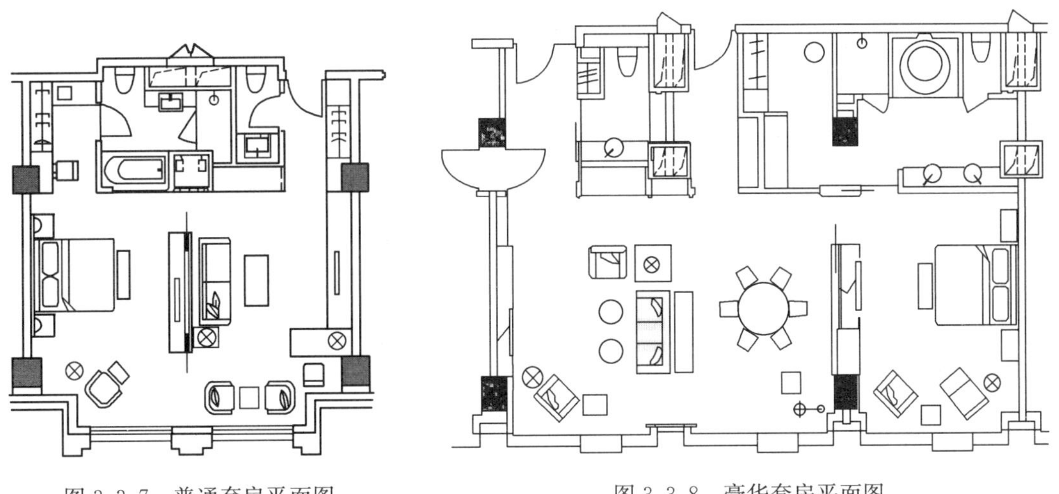

图 3.3.7　普通套房平面图　　图 3.3.8　豪华套房平面图

● 客房卫生间

① 设计应以方便使用、舒适和易于清洁为原则。

② 根据旅馆的等级和类型确定卫生间的面积、标准和洁具配置，最基本的标准配置

由洗漱台、坐便器、浴缸和淋浴组成。

③ 卫生间的管道应集中布置，方便维修与更新。

④ 客房卫生间门洞宽度应大于等于 30.70m，高度应大于等于 2.0m；无障碍客房卫生间门净宽应大于等于 0.8m。

⑤ 卫生间地面一般低于客房地面 20mm，无障碍客房卫生间低于客房地面 15mm，并以斜面过渡。

⑥ 卫生间地面及墙面应选择耐水易洁面材，地面应做防水层，并有泛水和地漏。浴缸和淋浴区域的墙面进行防水处理（图 3.3.9～图 3.3.12）。

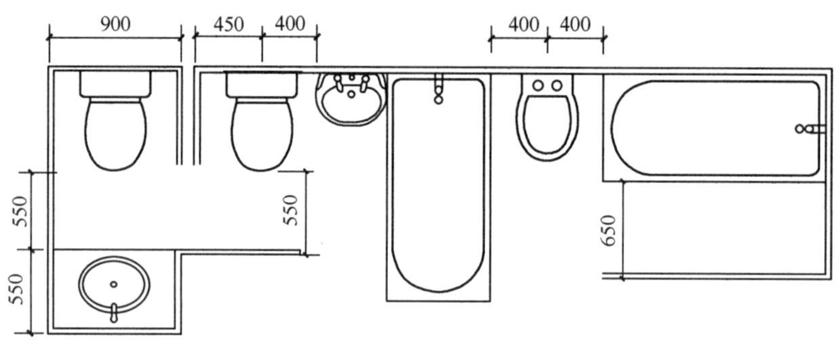

图 3.3.9 卫生间设备平面尺寸示意图

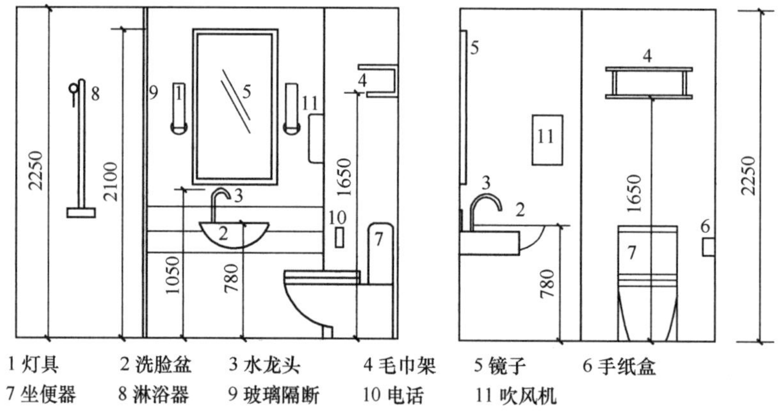

图 3.3.10 卫生间设备平面高度尺寸示意图

行政酒廊

高档旅馆为满足高端品牌市场需求，提高旅馆档次、接待尊贵客人，在客房楼层划出特定区域用以提供专门服务，称之为行政酒廊。

行政酒廊一般位于旅馆优越位置（如顶部楼层），邻近行政套房和其他套房，层高同楼层高度，如有可能可适当增加净高，以创造更好的空间感受。

行政酒廊一般由接待处、小会议室、阅览区、工作区、用餐区、游艺区等组成（表 3.3.2）。

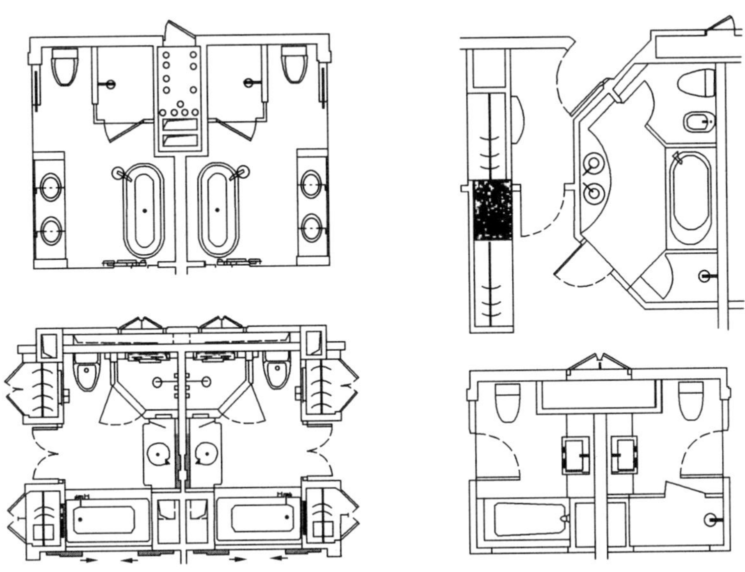

图 3.3.11　卫生间设备管井形式示例图

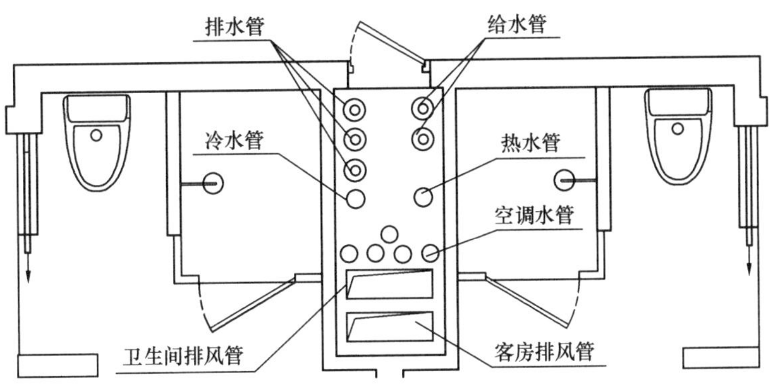

图 3.3.12　卫生间管井管道布置示例图

行政酒廊组成表　　　　**表 3.3.2**

功能组成	内容、设施
接待处	负责接待客人入住和结账，并负责门房服务与会议室等工作，同时提供影印、传真及电脑服务
小会议室	配备会议桌、投影仪、音响系统、书写板和遮光窗帘，并能提供茶点、果盘等服务
阅览区	布置在比较安静的角落，摆放报刊书籍和阅读椅、沙发和小茶几，配备阅读灯及背景音响系统，为客人营造舒适阅读环境
工作区	一般布置两个工作台，安置电脑、打印机、扫描仪与传真机等办公设备
用餐区	服务于行政酒廊客人的早餐、午茶、鸡尾酒及自助便餐，配备有适当数量的 2 人、4 人餐桌和自助式吧台，备餐间除了基本的烹饪设备外，还需要大功率的制冰机和冷藏柜
游艺区	只限于提供 4 人方桌和 6 人圆桌，备有简单的游艺设施

续表

功能组成	内容、设施
备注	1. 上述各功能分区一般由宽大的沙发或屏风、隔断划分而成 2. 行政酒廊的面积和设施视酒店性质和规模确定 3. 行政酒廊与普通客房应分开，靠近行政套房或行政楼层 4. 行政酒廊入口应显著，标识清晰

总统套房

总统套房是旅馆最高级别的豪华套房，具备接待国家元首的住宿条件，通常用于接待政要、集团总裁、富商、影视明星等，是旅馆档次标准的体现。总统套房至少由 4 间以上标准客房组成，面积最低不少于 150m^2，通常设置在客房楼层的顶层，有些旅馆会用一个楼层或半个楼层来作为总统专属的独立区域（或楼层），度假型酒店通常将单独的花园别墅作为总统套房。

安全性是总统套房设计的首要原则，在规划设计时应考虑专用的车道、出入口、独立电梯和通道。同时在建筑材料、墙体、门窗、隔断、室内设备等选用上应符合安全要求（表 3.3.3）。

总统套房组成表 **表 3.3.3**

功能区域	房间组成
生活起居区域	总统卧室及卫生间、总统夫人卧室及卫生间、书房、起居室
活动会客区域	餐厅、备餐室及厨房、会客厅、客用卫生间等
外围安全区域	随从房、秘书室、警卫房等
休闲功能区域	健身房、游泳池、酒吧台与娱乐房、私家花园等

（2）公共部分

入口设计要点

① 旅馆入口处应设门廊或雨篷，其净空不宜低于 4m。供暖地区和全空调旅馆应设门斗或旋转门。入口至少提供 2～3 条车道，车道宽度一般按 3.6m 设计，车道距大门距离宜大于 3.6m。一些高星级品牌旅馆要求入口门廊或雨篷有不小于 10m 的下客区，净空不小于 4.5m。

② 宜在旅馆主入口附近显要处留出旗杆位置。

③ 较大规模的旅馆除主入口外，宜增设团队入口。根据需求，还可对宴会会议区、餐饮区、娱乐区及商业增设出入口，减少不同人流的交叉。

④ 主入口附近宜设租车候车道，团队入口附近宜设大巴停车位。

⑤ 室内外高差采用台阶时，应设置无障碍坡道，同时作为行李搬运坡道。

⑥ 出入口宽度应满足消防疏散要求（图 3.3.13）。

大堂设计要点

① 大堂通常指旅馆入口处的公共区域，又称为门厅，一般主要包括大门、总服务台、休息区、大堂吧及中庭等空间。大堂是旅馆公共部分的中心，是客人集散的枢纽和场所。

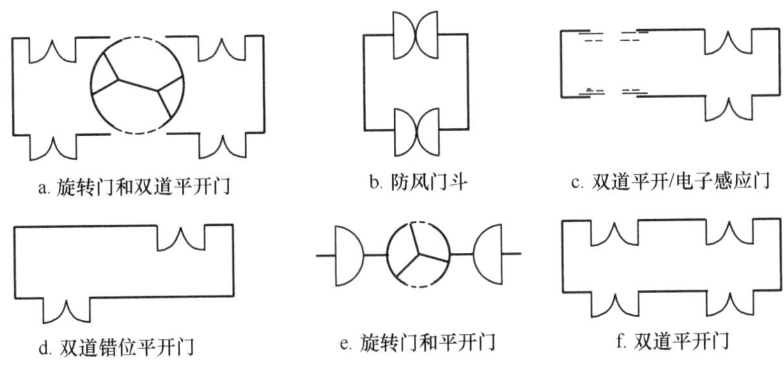

图 3.3.13　入口大门类型示意图

② 大堂的规模主要取决于客房数量、旅馆等级及类型，会议型与度假型旅馆指标应适当提高。

③ 大堂各部分内容需满足功能要求，相互既有联系又不干扰。服务流线和客人流线分离，应尽量缩短主要客人流线的距离。

④ 服务人员和宾客应有各自独立的通道和卫生间。

⑤ 总服务台和电梯厅位置明显。总服务台长度应满足旅客登记、结账、问讯等基本空间要求。

⑥ 行李房宜靠近主入口，且紧邻行李台。行李房的面积指标为 0.07m^2/间，且不小于 18m^2。

⑦ 大堂隐蔽处宜设清洁间等服务性用房。

⑧ 中庭与大堂的结合可引入更多的功能，使大堂的功能和空间更具多样性（表 3.3.4，图 3.3.14）。

大堂主要功能区域构成表　**表 3.3.4**

功能区域	构成内容
接待服务区	礼宾接待、大堂经理、行李寄存、贵重物品保管、前台接待（总服务台）、商务中心等
公共活动区	入口大门、大堂休息区、公共电话、电梯厅、公共卫生间等
商业经营区	大堂吧、礼品店、精品商店、旅行社、票务中心、美容美发等
后勤服务区	行政及销售办公室、消防指挥中心、清洁间、员工专用楼、电梯和通道等

● 总服务台

总服务台又称“前台”，是旅馆首先接待客人的地方，承担接待、登记、咨询、收银、外币兑换、贵重物品保管等工作。总服务台应位于大堂醒目位置，便于宾客办理手续，同时便于前台服务员兼顾大堂区域。总服务台前方应有充足的空间（一般不少于 4m 的净宽），能同时接待入住登记和退房结账的客人，并设休息座让客人等候休息；服务台与背景墙应有进深不小于 1.5m 的工作空间。

● 电梯厅

① 多层及高层旅馆以电梯为枢纽解决主要的垂直交通。

② 客用电梯厅是大堂与客房楼层的转换空间，其位置应综合考虑不同楼层的使用需

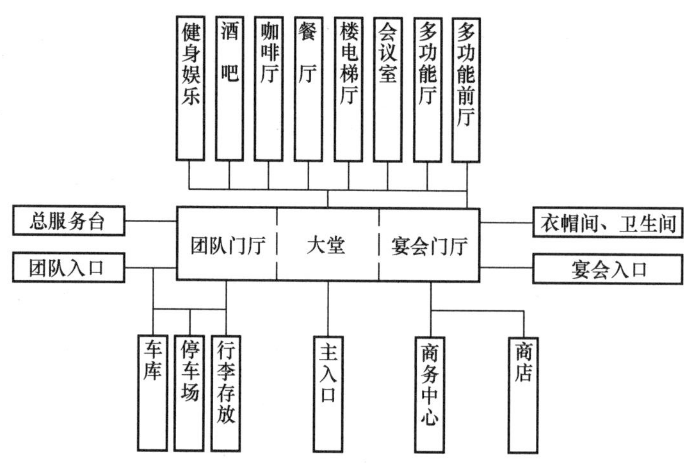

图 3.3.14 大堂功能关系示意图

求，尤其应注重入口层电梯厅位置的醒目与便捷性。

③ 超高层旅馆的电梯可在空中大厅进行转换。地下车库应设专用电梯到达大堂，至客房需经大堂电梯转换，转换区宜在总服务台视线范围内。

④ 单边布置电梯时电梯厅宽度应大于 2.4m，两边布置电梯时宽度一般为 3.6～4.0m。

⑤ 自动扶梯：当旅馆的宴会厅（多功能厅）、会议厅和大型餐厅不在大堂层时，应设置自动扶梯，以保证大客流量的运送，但运送垂直高度最好不超过 6m。

● 公共卫生间

公共卫生间位置应适中，既隐蔽又有明显的导向标识，步行距离不宜过长。男女卫生间入口应尽量分开，并避免外部视线的干扰，宜设置独立的残疾人卫生间。清洁间及工具储藏间是大堂必备功能，可与卫生间结合设置，但应不影响宾客使用（表 3.3.5）。

大堂卫生设施参考指标 **表 3.3.5**

卫生器具数量	男盥洗室	女盥洗室
厕位（最少厕位）	每 100 人 1 个（2 个）	每 50 人 1 个（2 个）
小便斗	每 25 人 1 个	—
洗脸盆	每 35 人 2 个 每 65 人 3 个 每 200 人 4 个	每 25 人 2 个 每 50 人 3 个 每 150 人 4 个
	以后每 50 人增加 1 个	

● 前台办公

前台办公通常布置在总服务台后方，主要有四项基本功能：

① 供前台人员办公、存取资料及设备支持；

② 销售部，进行接待、订房、宴会、会议预订等；

③ 前台收银室、财务室；

④ 总机接线室。

● 商务中心

商务中心主要为客人提供商务、订票、会务和咨询等服务，通常布置在大堂明显位置或有明显的导向标识。

● 宾客休息区

宾客休息区是供客人休息的区域，由沙发、茶几、植物等构成。宾客休息区起着疏导、调节大堂人流的作用，面积约占大堂面积8%～10%。通常布置在不受人流干扰的区域，不宜太靠近总服务台和大堂经理，以保证有一定的隐私性。也可靠近酒吧、咖啡厅等经营区域布置，引导客人消费。

● 经营功能区

经营功能区包括大堂吧、咖啡厅、精品商店、美容美发厅等经营区域，应根据旅馆的具体定位、规模、服务需求设置。其位置应在大堂的边缘或相对独立区域，经营项目应尽量集中，避免干扰大堂的正常活动。

会议室设计要点

① 一般旅馆均设有若干间会议室。大中型旅馆一般设有完整的宴会和会议设施，规模需根据旅馆的客房数和定位确定，一般不小于3.3m^2/间（含多功能厅）。

② 旅馆通常提供两种以上规模的会议室。小会议室一般不少于两个。40m^2以下的会议室净高不低于2.7m，40m^2以上会议室净高应不低于3.3m，100m^2以上的会议室净高不宜低于3.6m。

③ 旅馆通常提供1～2个固定家具会议室，其余采用活动家具组合成适用的形式（大多采用1.5m×0.6m可折叠桌组合家具）。会议室通常采取圆环形或长方形围合式、教室式、剧场式等不同的布置形式。

④ 会议室区域应配备充足的家具及织品贮藏空间、茶水间、卫生间、员工服务间和休息室等辅助空间。贮藏面积占会议室净面积的20%～30%。规模较大的会议区应设会议区商务中心。

⑤ 会议型旅馆的大型会议室与小型会议室规模应配套，会议人数基本相当，便于分组讨论。

⑥ 会议室规模：小会议室20～30人，中型会议室30～50人，大型会议室50人以上。

⑦ 会议区属人员密集场所，应有足够的集散面积，约占会议室净面积的30%～50%，防火和疏散应满足消防设计要求（表3.3.6，图3.3.15）。

会议室座椅布置面积参考指标　　**表3.3.6**

座位布置形式	每座指标/(m^2/座)	规模
教室式	1.7～2.4	—
围合式	1.7～2.4	—
U形式	3.2～3.9	—
剧场式	0.9～1.1（含舞台和放映室）	150～300人
阶梯教室式	2～3	90～125人
董事会式	3.7（不含特设辅助空间）	16～24人

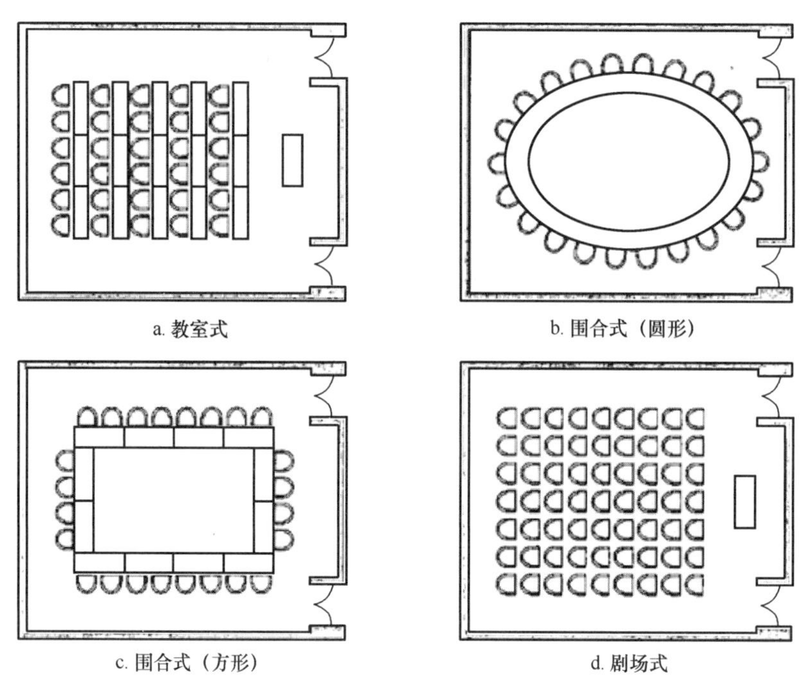

图 3.3.15　会议室布置示意图

多功能区（宴会厅）

● 多功能厅（宴会厅）设计要点

① 多功能厅（宴会厅）是旅馆举办大型活动，如会议、宴会、展览、团队活动的空间场所，是大中型旅馆的重要组成部分。多功能厅宜与会议室集中布置，规模较大时，宜单独设置出入口；应设贵宾休息室。

② 多功能厅由大厅、前厅、衣帽间、贵宾室、音像设备控制室、服务间、家具储藏室、化妆间、厨房等构成。

③ 前厅是客人进入大厅的过渡空间，也是迎宾接待、签到、休息的场所，其面积一般为多功能厅的15%～30%，或按每人0.3～0.5m²计算。衣帽间设在前厅入口处，随时为客人提供服务，其面积可按0.04m²/人计算。

④ 多功能厅长宽比不宜大于2∶1，且应保证足够的净空高度。多功能厅净空高宽比不宜小于1∶3，当面积大于250m²时，净高不小于3.6m，面积在750m²以上时，净高不低于5.0m，1000m²以上的多功能厅净高应不低于6.0m。空间较大时，可根据使用要求设活动隔断，将空间分隔成小空间，每一分隔空间应有独立出入口，便于同时服务。应预留活动隔断的收藏空间。

⑤ 应设独立宴会厨房，并尽量在同一平面与宴会厅靠近衔接，其面积约为宴会厅面积的30%，并且最好沿宴会厅长边布置备餐间，服务路线较短；当没有条件设专用厨房时，应设一定面积的备餐间，以便保温加热饭菜。兼有备餐功能的服务通道净宽度应大于3m。

⑥ 多功能厅一般设舞台（主席台），供宴会活动使用，并处于整个大厅的视觉中心位

置，根据需要可采用固定或活动组合式舞台。

⑦ 贵宾室设在紧邻主席台的位置，宜有通向主席台的专用通道；宜设专用洗手间。

⑧ 音像设备控制室主要为保证宴会的声像设备安全可靠及正常使用，其位置设计应确认音像控制室内可观察到宴会厅中的活动情况，以保证宴会厅内使用中声像效果的状态。

⑨ 多功能厅旁应配备充足的家具贮藏空间、茶水间、服务间、清洁间等辅助设施。贮藏面积不宜小于多功能厅面积的30%。多功能厅公共洗手间宜设在较隐蔽的位置，并有明显的引导标识。

⑩ 多功能厅属人员密集场所，应满足消防设计要求。

● 多功能厅（宴会厅）流线设计

① 多功能厅使用特点是短时间出现人流的集中，因此宜有单独通往旅馆外的出入口，与旅馆住宿客人的出入口分开，并保持适当距离；入口区需停车方便，并靠近停车场。

② 多功能厅客人动线与服务动线应完全分离；通往服务区的门或走道应做错位、转折或灯光处理，避免客人视线直视到后勤部分。

③ 大厅的出入口不宜靠近舞台，以免影响舞台的活动；大厅出入口门净宽不小于1.4m，且应计算疏散宽度以满足消防要求（表3.3.7～表3.3.9）。

多功能厅（宴会厅）附属功能空间　　表3.3.7

功能区	设置选项
序厅（休息厅）	•
衣帽间	•
公共卫生间、清洁间	•
宴会厨房	•
备餐间	•
家具房、织品库	•
音控、灯控室	•
独立门厅	◦
贵宾休息室	◦
贵宾卫生间、控制室、服务间	◦
同声翻译室	◦
化妆间	◦
茶歇（通常与序厅共用）	◦
演员人员通道	◦

注：• 表示应设，◦ 表示根据需求选设。

卫生间指标　　表 3.3.8

	男	女
厕位	1/100 人	1/50 人
小便斗	1/25 人	—
洗脸盆	1/50 人	1/50 人

座位面积参考指标　　表 3.3.9

活动方式	指标 /(m^2/座)
宴会	1.3
西餐	2.2～2.5
冷餐/鸡尾酒会	2.2
观演/会议（无桌式）	0.9～1.1
教室/会议（有桌式）	1.7～2.4

康乐设施

● 康乐设施设计要点

① 康乐设施分为健身和娱乐两大类。健身设施主要包括健身房、游泳池、健身浴、SPA、美容美发及多种体育运动等项目。娱乐设施主要包括棋牌室、游艺室、主题吧、歌舞厅、夜总会等项目。

② 康乐设施内容应根据旅馆规模、经营定位及场地条件来选择。

③ 康乐设施应按类型相对集中布置，同时避免对客房区的干扰。娱乐设施规模较大时，宜单独设出入口及交通体系。

④ 健身区宜集中设置男女更衣室、淋浴间、卫生间等公共辅助设施，便于使用和管理。干区（休息与更衣等）与湿区（水池、淋浴等）应分区布置，湿区地面应有防滑措施。

⑤ 主题吧、歌舞厅、夜总会等区域属于人员密集场所，防火及疏散应符合消防设计要求（表 3.3.10）。

康乐设施构成　　表 3.3.10

分类	项目	内容及要求
健身	健身房	健身操、瑜伽、器材锻炼、塑体等
	游泳池	游泳池、戏水池、按摩池、日光浴、水吧等
	健身浴	桑拿浴、蒸汽浴、按摩室等
	SPA（水疗）	更衣、淋浴、桑拿浴、蒸汽浴、泡池、足浴、理疗室、美容美发等
	体育设施	网球、篮（排）球、壁球、乒乓球、保龄球、桌球、高尔夫、马术俱乐部等
娱乐	棋牌室	若干单间或相对封闭的区域，不少于 $3m^2$/座
	游艺室	儿童活动室、电子游艺室等专项活动室
	歌舞厅	KTV 包间、舞厅、观演厅等
	主题吧	突出旅馆文化品位和独特风格的场所，如红酒廊、雪茄屋、风情吧、体育吧等

● 健身房

① 一般旅馆均设有健身房，由接待、更衣、淋浴、健身、水吧服务等功能区域组成，通常提供拉力器、跑步器械、肌肉训练器械、划船器械及脚踏车等健身器械。

② 健身房面积一般不少于 $50m^2$，提供不少于 5 种健身器械。健身房的场地净高一般不低于 2.6m。

③ 健身房中体操区应设置一个镜墙面，便于观察自己的训练状态。

④ 健身房的接待、更衣、淋浴、水吧等区域，宜与游泳池、SPA 等集中设置使用。

● 游泳池

① 较高星级的旅馆一般设游泳池，室内或室外均可。

② 游泳池大小及形状可根据具体条件确定，一般不宜小于 8m×15m，深度一般为 0.9～1.5m。儿童戏水池的深度一般为 0.15～0.6m。

③ 游泳池通常由前台接待区、更衣淋浴区、泳池区、休息区、卫生间、机房等功能区域构成，还可增设水吧等服务设施。其中接待、更衣、淋浴、卫生间宜与健身房等区域集中设置。独立使用时更衣箱数目不宜少于客房数的 10%，合用时应适当增加更衣箱数量。

④ 室外游泳池宜就近增设室外淋浴设施。

⑤ 宾客进入游泳池主通道必须设有通过式洗脚池等消毒设施。

● 健身浴

① 健身浴包括桑拿浴（干蒸）、蒸汽浴（湿蒸）和各类按摩浴，可根据旅馆的经营定位来选择设置。

② 健身浴包括接待、休息、男宾部和女宾部。男女各区域内分干区和湿区，干区由更衣、化妆、卫生间、休息、按摩房等组成，湿区由淋浴间、桑拿房、冷热水浴池、按摩浴池、搓背区等组成。

③ 更衣、淋浴区宜与游泳池一并设置，健身浴可与 SPA 结合设置。

● SPA（水疗）

① SPA 是指以水疗为主要方法，通过听觉、味觉、触觉、嗅觉、视觉等感官功能来达到人体全方位的放松。

② SPA 宜独立成区，主要由接待区、更衣淋浴区、健身设施、温水浴池、桑拿房、理疗室、按摩室、休闲室等组成。也可与健身房、游泳池、健身浴等功能相结合，形成综合性的 SPA 健身中心。

③ 一般设多个 SPA 包间，每个包间设休息、按摩、更衣、淋浴、浴缸和卫生间等功能。包间面积不宜小于 $16m^2$。

● 主题吧、夜总会、KTV

① 主题吧、夜总会、KTV 是满足宾客观演、跳舞、卡拉 OK 等活动的娱乐性场所，在旅馆等级评定中为选择项目，应根据旅馆的定位确定其设置内容与规模。

② 旅馆中附设的夜总会、KTV 位置应相对独立，自成一区，避免干扰旅馆的正常经营。一般设有独立的出入口和专用电梯，便于独立经营，并不影响客房的安静环境。

餐饮设施

● 餐饮部分设计要点

① 餐饮是旅馆公共部分仅次于大堂的主要组成，直接影响旅馆的经营服务。

② 旅馆餐饮以对内为主，兼顾对外营业。对内餐厅、酒吧宜与门厅大堂有便捷联系，而大堂酒吧则可作为餐厅和酒吧的延续。对外营业餐厅及多功能厅（宴会厅）宜有单独对外的出入口、衣帽间和卫生间。

③ 应根据旅馆规模大小、功能定位来设置不同的餐厅，如中餐厅、全日餐厅、风味餐厅、茶餐厅等。一般三星级以上旅馆应设不同规模的餐厅及酒吧间、咖啡厅和多功能（宴会）厅；一、二星级及大多数中小旅馆只设一个餐厅，根据用餐时间和方式进行划分，如早餐和午餐多为自助式，晚餐较正式些；经济型旅馆通常只设早（简）餐厅。

④ 餐厅应靠近厨房设置；当餐厅与厨房不同层时，应与餐厅同层布置备餐间，并通过货梯与厨房直接联系；备餐间出入口要隐蔽，避免顾客视线穿透厨房，同时避免厨房气味进入餐厅。

⑤ 顾客就餐流线与服务人员流线应避免重叠交叉；服务路线不宜过长（最大不超过40m)，并尽量避免穿越其他用餐空间；大型餐厅、多功能厅（宴会厅）应设备餐间（廊）。

⑥ 餐厅除就餐空间外，还需有附属空间和设施，如前厅、卫生间、储藏间、过道等。

⑦ 通常小餐厅室内空间净高不低于 2.6m，有空调的餐厅空间净高不低于 2.4m，大餐厅空间净高不低于 3.0m，大宴会厅的净高不低于 5m。

● 厨房基本内容

① 厨房的面积与旅馆餐厅的规模大小和类型定位有直接的关系，一般不少于餐厅面积的 35%，或按 0.7～1.2m^2/座位计算。

② 大型旅馆除主厨房外，还为宴会厅、全日餐厅、中餐厅、风味餐厅等配备分厨房或备餐间，形成一个完整的厨房系统，迅速满足各处餐饮服务。主厨房亦称中央厨房，集中将各类原材料粗加工成半成品，提供给各餐厅厨房使用，同时还承担面包糕点的制作，配备主厨办公室和存放食品、酒水、餐具、桌布等的库房和橱柜。

③ 厨房最好与餐厅在同一层紧邻布置，传菜便捷，并且不应与客人流线交叉；厨房与餐厅分层设置时，可将粗加工的主厨房布置在下层，并设专用餐梯送往各餐厅厨房（同时设垃圾梯收集运出流线)。

④ 厨房内部一般分为准备区、制作区、送餐服务区（备餐间）和洗涤区 4 个功能区块。

⑤ 备餐间是厨房与餐厅的过渡空间，在中小型餐厅中，以备餐间的形式出现；在大型餐厅以及宴会厅中，为避免餐厅内送餐路线过长，一般在大餐厅或宴会厅的一侧设置备餐廊；若仅仅是单一功能的酒吧或茶室，备餐间又称作准备间或操作间（图 3.3.16、图 3.3.17)。

● 厨房位置

① 设在底层：当餐厅对外营业或厨房以煤为燃料，又无专用电梯时，厨房一般设于底层。应单独设置通风井直通屋顶或其他排油烟设备。

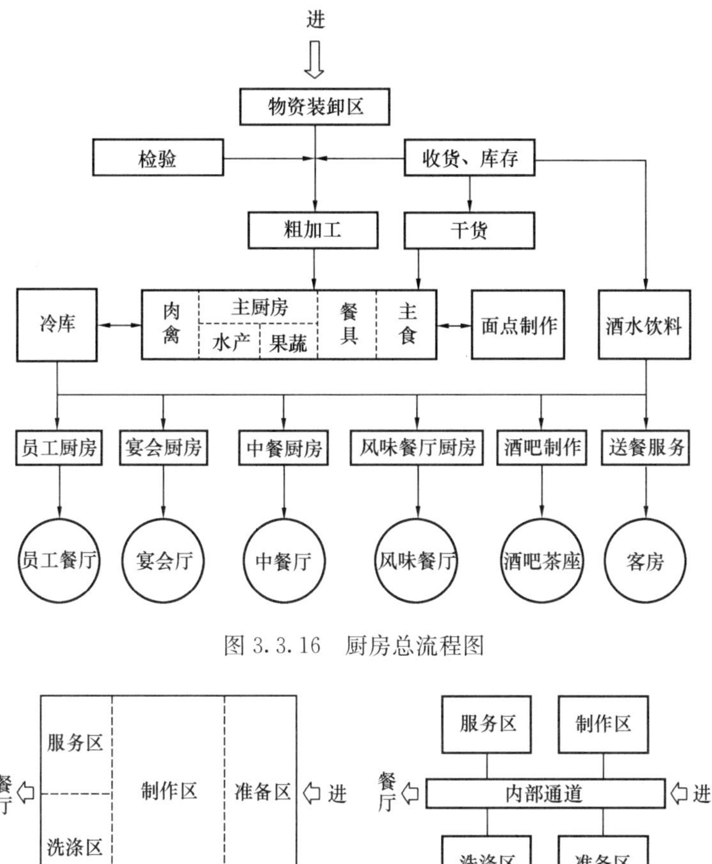

图 3.3.16　厨房总流程图

图 3.3.17　厨房平面布置示意图

② 设在上部：当旅馆上部设置餐厅，厨房有燃气、水、电及专用货梯等设备时，厨房可位于上部。为减少运输量，可将粗加工设在底层。

③ 设在中部：当旅馆层数较高，旅客量较大时，可在旅馆中部设置小型餐厅，但必须进行特殊的通风排气处理。

④ 设在地下室：当厨房受到空间条件限制时，可设在地下室，但不得使用液化气燃料；此外，还须进行机械通风排气和补风。

厨房的位置尽量靠近外墙，便于货物进出和通风换气。厨房与餐厅最好设在同层，如必须分层设置，则用垂直梯运输。

● 厨房平面布置

整体式：将构成厨房主要功能的准备区、制作区、服务区和洗涤区 4 个功能区块统一设置在一个大空间内，各区块采取半开放式空间。这种布置各部分联系方便，但流线易交叉而互相干扰。

分块式：根据各功能区块的内容和工序把各部分分隔开并按加工流程密切联系。这种布置便于管理，但流线长，各部分联系不便。

● 厨房设计要点

① 厨房平面布置要满足工艺流程要求，尽量缩短交通运输和操作路线，避免交叉，且宜布置在同一平面层上。

② 避免生食与熟食、干食与湿食、净食与污物的交叉混杂，满足食品卫生要求。

③ 厨房净高不低于 2.8m，隔墙不低于 2.0m，对外通道上的门宽不小于 1.1m，门高不低于 2.2m，其他分隔门宽度不小于 0.9m，厨房内部通道宽不小于 1.0m；通道上应避免设台阶。

④ 所有厨房楼地面应做结构下沉地面，一般下沉 300mm；下沉地面必须铺装优质防水材料，并且沿墙卷出地上 150mm。下沉范围内做排水沟或地漏，排水沟净尺寸宽度不宜小于 250mm，深度不宜小于 200mm；排水沟尽量环通，避免死角，沟内做 1%坡度接地漏，其他部位在安装厨房设备管线后填充材料，再做易清洗防滑地面。地面排水坡度以 2%为宜。冷盘间不应采用排水明沟形式。

⑤ 大型冷冻库和冷藏库地面应与主厨房地面平齐以便推车进入。冷冻库、冷藏库地面应下沉至少 150mm，设置保温板，做保温处理。

⑥ 厨房地面应采用防滑、耐酸、耐磨、易清洗的材料，地面应做好防水，侧墙做好防潮处理。

⑦ 所有柱、墙阳角均应做不锈钢或橡胶护角，保护高度 2m，墙踢脚带卫生圆角。

⑧ 厨房应合理组织排气和补风。

⑨ 在厨房外适当位置设员工卫生间，更衣间和厨师长办公室可设在厨房内。

⑩ 客房服务部分应有足够的空间停放服务推车，位置靠近烹饪部分和服务电梯。

⑪ 厨房与餐厅连接尽量做到出入口分设，使送菜与收盘分道，并避免厨房气味等窜入餐厅。

● 大堂吧

一般处在大堂显要的位置，与大堂空间相通以烘托整个大堂氛围，方便客人会客、商务、休息。所处区域应不被公共流线穿越，通过地面的升降、顶棚等空间限定和围合的手法来创造场所感。其餐饮食品就近由小型备餐间配制或由主厨房运送来。

● 中餐厅

有一定规模的旅馆都设有中餐厅，中餐厅通常设散座大厅和包房以满足不同客人的用餐要求。散座大厅和包房入口宜分开，保证包房私密性。餐厅地面宜采用材料变化分隔空间，避免设置高差。送餐流线与客人流线不应交叉。

● 全日餐厅

主要为住客提供早餐、午餐和随时用餐服务，包括中、西餐食及饮料，以满足五星级酒店提供 24 小时餐饮服务、四星级酒店 18 小时营业服务的要求。全日餐厅提供自助和点餐服务，最大限度吸引和满足客人的就餐要求。餐厅布置多为 2～6 人的西餐桌，通常设酒吧柜台、自助餐台等。

(3) 后勤部分

设计要点

① 为保证旅馆正常运作，旅馆内各类管理与服务区域统称为后勤区，主要包括货物

和员工进出口、库房、厨房、行政办公室、人力资源部与员工用房、客房部与洗衣房、工程部与设备机房以及垃圾站。

② 后勤区大多采用集中布置。临近货物进出口布置装卸平台、库房、厨房以及垃圾站；临近员工进出口布置人力资源部与员工用房；工程部与设备机房宜布置在整个旅馆的负荷中心。

③ 旅馆的货物和员工进出口应尽量隐蔽，避免对旅馆主入口和外部形象造成影响。

④ 后勤区的功能配置和标准根据旅馆自身经营而确定。有的旅馆将洗衣服务采取外包方式；对于中小型旅馆不设餐饮服务，厨房配置可以简洁许多。

⑤ 后勤区流线复杂，包含员工上下班流线、内部服务人员流线、厨房进出货和送配餐流线、垃圾清运流线、洗衣房流线等；流线设计必须合理、便捷、清晰，满足酒店管理公司的标准和使用要求；后勤服务流线应避让客用流线，避免交叉或重叠。

⑥ 高层旅馆的后勤区域通常布置在地下层或半地下层，除对消防要求较高的功能外，一般高层的裙房底层都尽量作为旅馆等商业经营。

⑦ 后勤部分面积根据旅馆星级标准不同而增减，大中型旅馆一般控制在总建筑面积的 15%～20%。

⑧ 后勤部分必须满足国家消防、卫生防疫、燃气等专业设计规范（图 3.3.18，表 3.3.11）。

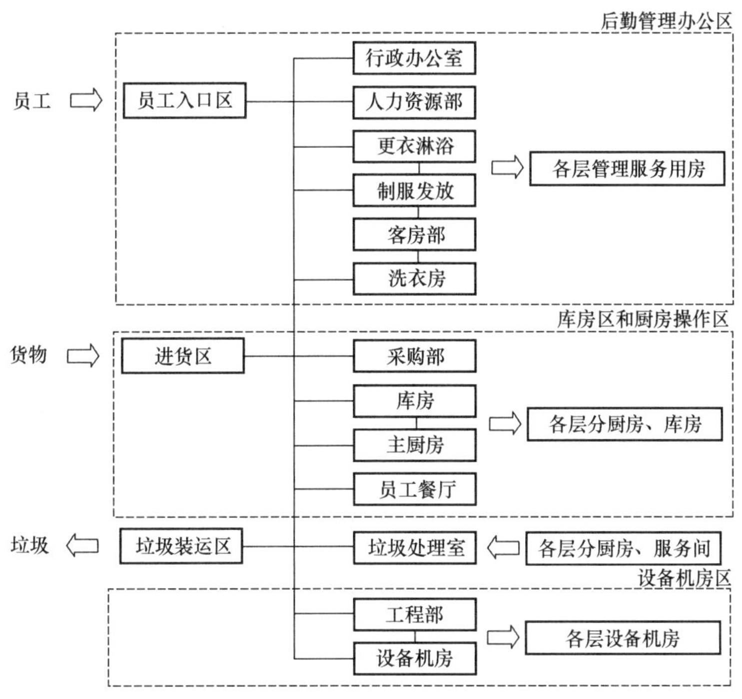

图 3.3.18　后勤区主要功能分区及基本关系图

后勤区主要用房分类及参考指标 表 3.3.11

部门类别	面积参考指标
厨房、食品库房	厨房：1.0～1.3m^2/座；食品库：0.37m^2/间客房
洗衣房、客房部	布草（棉织品）库：0.2～0.45m^2/间客房； 洗衣房：0.65m^2/间客房；客房部：0.2m^2/间客房
进货区、垃圾处理、总库房	卸货区：0.15m^2/间客房；垃圾间：0.07～0.15m^2/间客房； 总库房：0.2～0.4m^2/间客房
工程部	工程部：0.50～0.55m^2/间客房
行政办公用房	约占总建筑面积的1%，1.15m^2/间客房
人力资源部和员工用房	约占总建筑面积的3%，3.5m^2/间客房
设备机房	约占总建筑面积的5.5%～6.5%

行政办公区

① 行政办公区由总经理室、市场营销部、前台部、财务部、会议室构成，一般采用集中式办公。

② 由于顾客或公众会经常拜访行政办公室洽谈业务，所以行政办公室的整体形象是很重要的。其总体装潢和设计应接近酒店公共区的标准。

③ 市场营销部内设销售部、公共关系部、会议服务部、宴会部、广告部等部门。前台部处在酒店的大堂区，其与行政办公区必须保持便捷、密切的联系，通常会设专门的通道或楼（电）梯与行政办公区联系。

④ 通常情况下行政办公区可围绕前台周边或上下楼层设置。

⑤ 前台办公须与前台紧密联系（表 3.3.12）。

行政办公区主要功能用房表 表 3.3.12

部门类别	用房构成参考
前台办公区	前台、前台工作区、传真复印、电脑房
	前台经理、预订部、记账室、出纳、贵重物品保管间
营销部	营销办公室、餐饮总监办公室、市场总监办公室、销售总监办公室、宴会会议经理办公室、接待区、茶水间、储藏室
财务部	财务办公、财务总监、总会计师、文件存储
总经理办公区	总经理办公室、运营总监办公室、会议室、行政办公室

人力资源部与员工区

① 人力资源部与员工区联系紧密，平面上应整体布局。同时，员工区与洗衣房、制服间之间应有便捷的联系。

② 员工区主要构成包括入口区、男女更衣淋浴区、制服间、员工餐厅和员工餐厅厨房、员工活动室。

③ 酒店员工人数依性质、星级标准的不同而不同，员工总人数＝客房数×系数。

④ 人力资源部包括接待面试室、办公室和培训教室。培训教室面积视酒店管理公司要求而定。

⑤ 办公用房面积和员工生活区用房面积因酒店星级标准的不同而有差别，应参考酒店管理公司的标准。

⑥ 大中型旅馆宜设医疗室，为员工服务兼作为小型急救室，并配置供排水点位和专用男女共用卫生间。

⑦ 酒店应设员工餐厅及其厨房。

⑧ 通常酒店内可设置员工倒班宿舍。倒班宿舍面积视酒店管理公司要求而定。离城市较远或位置比较偏僻的酒店通常会将员工宿舍、员工餐厅和员工餐厅厨房、培训教室等用房合并，另外选址兴建专门的员工综合生活区。员工住房标准依酒店管理公司规定执行。按照国际通行做法，酒店管理集团委派的总经理住房通常会将酒店3～4间标准间改为套房使用。

⑨ 员工更衣淋浴区应尽量靠近酒店员工出入口处，包含员工私人物品存放、更衣和淋浴、卫生间等用房。更衣室的设计应确保不必通过淋浴区即可到达，应考虑视线遮挡。卫生间应从员工通道直接进入，不必穿过更衣间。员工储物柜建议尺寸300mm×600mm×1500mm（宽×深×高），上下成对放置。

⑩ 员工更衣淋浴区与员工出入口不在同一楼层时，应提供一个单独出入楼（电）梯（图3.3.19）。

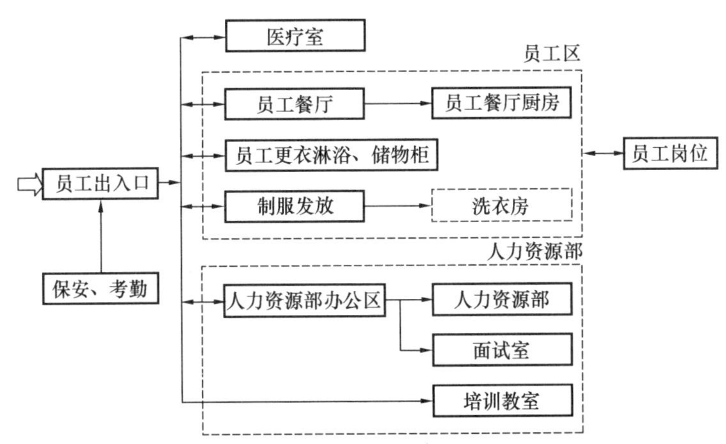

图3.3.19　人力资源部与员工区布置示例图

洗衣房

① 洗衣房一般由污衣间、水洗区、烘干区、熨烫、折叠、干净布草存放、制服分发、服务总监办公室和空气压缩机加热设备间构成。一些城市酒店不设洗衣房或设简易洗衣机，采取外包清洗。

② 洗衣房位置必须贴邻或靠近酒店服务电梯和污衣槽。洗衣房不应布置在宴会厅、会议室、餐厅、休息室等房间的上、下方，应做好设备的减振降噪、房间的隔声和吸声处理。

③ 布草库（纺织品库房）应紧靠洗衣房布置，室内要求干燥，气流组织应朝洗衣房

方向流动。

④ 布草库内应考虑纺织品的分类、储藏、修补、盘点以及发放床单、桌布和制服等所需要的空间。

⑤ 洗衣房会使用洗涤剂、去污剂等含有气味或有毒化学品，应有良好的通风排气。

⑥ 洗衣房地面应做 250～300mm 降板处理，设置有效的防水处理和排水设施。

⑦ 洗衣房净高不低于 3m。外露柱子和墙壁的阳角应做橡胶或金属护角。

⑧ 洗衣房需要使用蒸汽。

⑨ 污衣滑道（槽）必须与污衣间紧密联系，直通洗衣房。不设污衣滑道时，由服务员各层收集后送至洗衣房（图 3.3.20）。

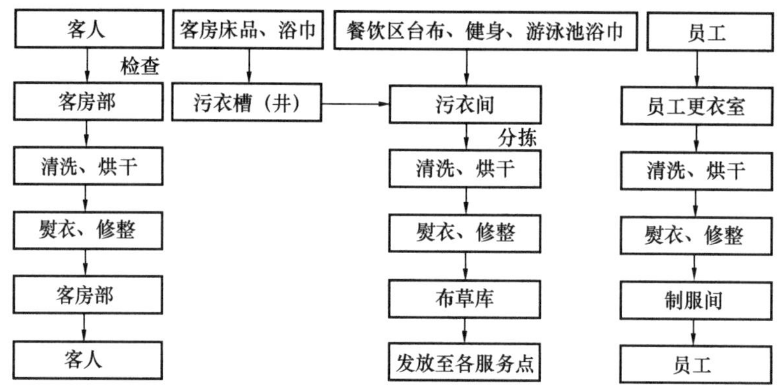

图 3.3.20 洗衣流程图

客房部

① 客房部又称管家部，负责客房打扫、清洁和铺设等工作，并提供洗衣熨衣、客房设备故障排除等服务；位置应与洗衣房紧密相连。

② 客房部必须与服务电梯直接相邻，并方便从员工更衣室到达。

③ 布草发放台附近应留有一定空间，避免排队等候的员工影响服务通道交通。

④ 小型酒店与采用分散式客房布局的酒店的客房部一般采用集中式管家服务与布草管理。大中型酒店采用非集中式管理，在各客房层或隔层设服务间与布草间，与服务电梯比邻或贴近。

后勤货物区

① 后勤货物区包括卸货平台、收发与采购部、库房三个紧密联系的部分，还包括垃圾清运平台。面积可按 $1m^2$/间控制。

② 装卸货区位置应避免出现在公共视线中，做到有效遮挡。

③ 收发与采购部面积不小于 $20m^2$，含办公室、经理办公室、库房。卸货区宜设司机休息室和卫生间。

④ 卸货平台比装卸货停车区高 0.8～0.9m。卸货平台两侧应分别设置台阶和坡道，便于人行和小件货物的搬用。

⑤ 装卸货停车区要至少容纳两辆货车同时装卸货物。大于 500 间客房规模时要保证 3 个停车位：1 个货车位，1 个集装箱车位，1 个垃圾车位。

⑥ 卸货区要提供给水、排水、电源接口，以便冲洗清洁。地面应有适当坡度。

⑦ 卸货平台深度不小于 3m，应与库房地面同标高。

⑧ 垃圾站设在垃圾装运平台处。垃圾装货平台与卸货平台在有条件的情况下应分区设置，确保洁污分流。必须满足卫生防疫要求。

⑨ 垃圾站包含垃圾冷库、可回收物储藏室、洗罐区。洗罐区须配备冷热水、排水和电源接口。

⑩ 酒店需要大面积的库房，分总库房和分库房，且有明确的功能分配：家具库（十分重要，应靠近多功能厅、会议室等服务空间设置，面积按服务面积的 15%～20%控制）、餐具库（瓷器库、玻璃器皿库、银器库）、酒和饮料库、贵重物品库、工具文具库、电器用品库等（图 3.3.21、图 3.3.22）。

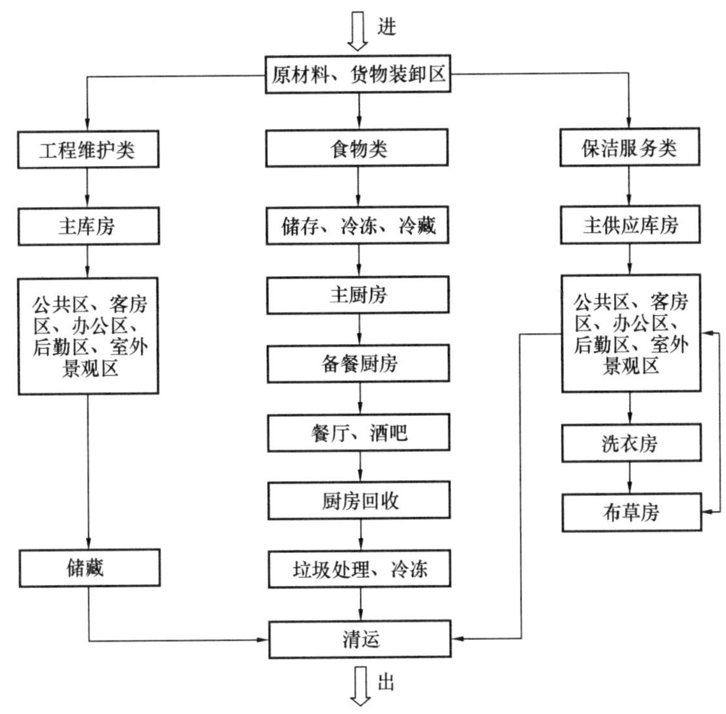

图 3.3.21　后台货物流程示意图

工程部与设备机房

① 酒店工程部由工程部、维修部、设备部与机房构成。

② 工程部包括工程总监室、工程专业人员工作区、图档资料室。

③ 维修部包括木工间、机电间、工具间、管修间、建修间、园艺间和库房。其中油漆、电焊工作间应注意加强排风、滤毒和防火措施。

④ 工程部和机房与其他类型公建没有区别，包括高低压变配电室、应急发电机房和储油间、生活水池和水泵房、消防水池和消防泵房、中水处理机房和水池泵房、冷冻机房、锅炉房、热交换站、IT 机房、弱电机房和各层空调机房与变配电间、消防监控中心。

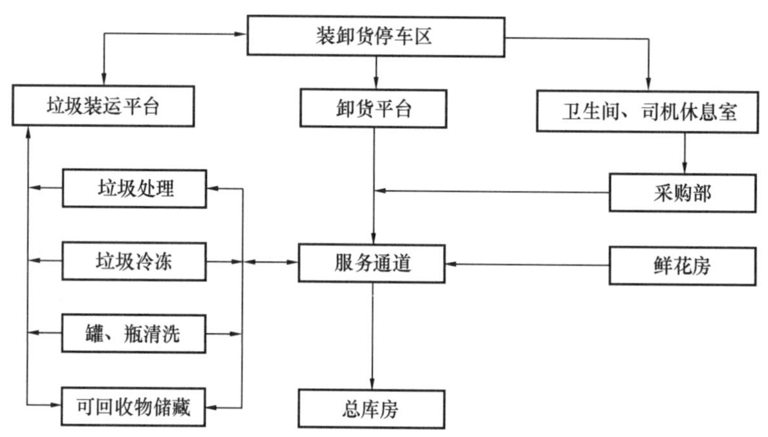

图 3.3.22　装卸货区示意图

⑤ 机房应集中布局，靠近负荷中心。

⑥ 各类泵房和机房应注意隔声、减噪处理，避免对公共区的噪声和振动影响。

2. 方案初步设计

（1）方案初步设计主要完成内容

① 完善构思表达（总平面图、平面图、立面图、剖面图，从空间组合细节四个角度进行方案的深化设计）

② 建筑设计的单体空间设计

③ 立面造型设计

④ 结构设计选型

（2）方案初步设计深度要求

需要对设计深入和可行性进行设计，完善一草的同时，需要对平面和立面有所表示，方案确定后，即应将比例放大，进行细节设计，使方案日趋完善，要求如下：

① 进行总图细节设计，考虑室外台阶、铺地、绿化及小品布置；

② 重点进行平面设计，根据功能和美观要求处理平面布局及空间组合的细节，如妥善处理楼梯设计、厕所设计等各种问题；

③ 确定结构布置方式，根据功能及技术要求确定开间和进深尺寸，通过设计了解建筑设计与结构布置关系；

④ 研究建筑造型，推敲立面细部，根据具体环境适当表现建筑的个性特点；

⑤ 对室内空间及家具布置进行充分的设计。

在该过程中，能经常草拟局部室内外透视草图，随时掌握室内外建筑形象，进行较为完善的深入设计，计算房间使用面积和建筑总面积。

（3）研究建筑造型

建筑造型应遵循以下原则：形式服从功能；运用形式美的构图规律；正确反映乡村旅馆建筑经营内容；遵循少即是多的设计原则。

室内空间包括尺度、餐桌布置方式、空间组合方式、顶棚及地面设计、墙面、隔断设计、光环境设计等。

一般旅馆以框架结构为主，集中式布置的旅馆要首先考虑客房层柱网，还要考虑有无地下停车等因素。

3. 课后要求

每次课后根据课上讲授内容及教师点评提出的修改意见进行修改深化，最终完成二草初步设计。

4. 点评二草

3.3.3 三草阶段（方案深入设计 第11、12次课）

由于二草的时间有限，不可避免会存在一定缺点，不能充分满足各项要求，学生应通过自己的分析、教师辅导、小组集体评图、弄清设计的优缺点，修改设计，使设计更加完善。其要求与二草相仿，但应更加深入，较妥善地解决各项问题，满足教学要求。此阶段须在建筑设计已经定型的情况下将室内设计进一步深化，并注重室内环境气氛的烘托。三草图纸要求与正式图同，细致程度也与正式图相仿，但其重复部分可适当省略，用工具绘制，图纸尺寸和图面布置也应和拟绘制的正式图相同。

1. 课程讲授

重点讲授旅馆设计规范

（1）旅馆建筑设计一般规定

旅馆建筑应根据其等级、类型、规模、服务特点、经营管理要求以及当地气候、旅馆建筑周边环境和相关设施情况，设置客房部分、公共部分及辅助部分。

旅馆建筑空间布局应与管理方式和服务相适应，做到功能分区明确、内外交通联系方便、各种流线组织良好，保证客房及公共部分具有良好的居住和活动环境。

旅馆建筑防火设计应符合现行国家标准《建筑设计防火规范》GB 50016—2014（2018年版）、《建筑内部装修设计防火规范》GB 50222—2017、《汽车库、修车库、停车场设计防火规范》GB 50067—2014的有关规定。

旅馆建筑应进行节能设计，并应符合现行国家标准《公共建筑节能设计标准》GB 50189—2015和《民用建筑热工设计规范》GB 50176—2016的规定。

旅馆建筑应进行无障碍设计，并应符合现行国家标准《无障碍设计规范》GB 50763—2022的规定。

客房部分与公共部分、辅助部分宜分区设置。

旅馆建筑的主要出入口应符合下列规定：

① 应有明显的导向标识，并应能引导旅客直接到达门厅；

② 应满足机动车上、下客的需求，并应根据使用要求设置单车道或多车道；

③ 出入口上方宜设雨篷；多雨雪地区的出入口上方应设雨篷，地面应防滑；

④ 一级、二级、三级旅馆建筑的无障碍出入口宜设置在主要出入口，四级、五级旅馆建筑的无障碍出入口应设置在主要出入口。

锅炉房、制冷机房、水泵房、冷却塔等应采取隔声、减振等措施。

旅馆建筑的卫生间、盥洗室、浴室不应设在餐厅、厨房、食品贮藏等有严格卫生要求用房的直接上层。

旅馆建筑的卫生间、盥洗室、浴室不应设在变配电室等有严格防潮要求用房的直接上层。

电梯及电梯厅设置应符合下列规定:

① 四级、五级旅馆建筑 2 层宜设乘客电梯，3 层及 3 层以上应设乘客电梯。一级、二级、三级旅馆建筑 3 层宜设乘客电梯，4 层及 4 层以上应设乘客电梯。

② 乘客电梯的台数、额定载重量和额定速度应通过设计和计算确定。

③ 主要乘客电梯位置应有明确的导向标识，并应能便捷抵达。

④ 客房部分宜至少设置两部乘客电梯，四级及以上旅馆建筑公共部分宜设置自动扶梯或专用乘客电梯。

⑤ 服务电梯应根据旅馆建筑等级和实际需要设置，且四级、五级旅馆建筑应设服务电梯。

⑥ 电梯厅深度应符合现行国家标准《民用建筑设计统一标准》GB 50352—2019 的规定，且当客房与电梯厅正对面布置时，电梯厅的深度不应包括客房与电梯厅之间的走道宽度。

旅馆建筑的材料选择和构造设计，应满足使用的安全性和维护、清洁的便利性。

中庭栏杆或栏板高度不应低于 1.20m，并应以坚固、耐久的材料制作，应能承受现行国家标准《建筑结构荷载规范》GB 50009—2012 规定的水平荷载。

(2) 客房部分

客房设计应符合下列规定:

① 不宜设置在无外窗的建筑空间内;

② 客房、会客厅不宜与电梯井道贴邻布置;

③ 多床客房间内床位数不宜多于 4 床;

④ 客房内应设有壁柜或挂衣空间。

无障碍客房应设置在距离室外安全出口最近的客房楼层，并应设在该楼层进出便捷的位置。

公寓式旅馆建筑客房中的卧室及采用燃气的厨房或操作间应直接采光、自然通风。

客房净面积不应小于表 3.3.13 的规定。

客房净面积 (m^2) **表 3.3.13**

旅馆建筑等级	一级	二级	三级	四级	五级
单人床间	—	8	9	10	12
双床或双人床间	12	12	14	16	20
多床间（按每床计）	每床不小于 4			—	—

注：客房净面积是指除客房阳台、卫生间和门内出入口小走道（门廊）以外的房间内面积（公寓式旅馆建筑的客房除外）。

客房附设卫生间不应小于表 3.3.14 的规定。

客房附设卫生间　表 3.3.14

旅馆建筑等级	一级	二级	三级	四级	五级
净面积/m²	2.5	3.0	3.0	4.0	5.0
占客房总数百分比/%		50	100	100	100
卫生器具/件	2		3		

注：2 件指大便器、洗面盆，3 件指大便器、洗面盆、浴盆或淋浴间（开放式卫生间除外）。

不附设卫生间的客房，应设置集中的公共卫生间和浴室，并应符合下列规定：

① 公共卫生间和浴室设施的设置应符合表 3.3.15 的规定。

公共卫生间和浴室设施　表 3.3.15

设备（设施）	数量	要求
公共卫生间	男女至少各一间	宜每层设置
大便器	每 9 人 1 个	男女比例宜按不大于 2∶3
小便器或 0.6m 长小便槽	每 12 人 1 个	—
浴盆或淋浴间	每 9 人 1 个	—
洗面盆、盥洗槽龙头	每 1 个大便器配置 1 个，每 5 个小便器增设 1 个	—
清洁池	每层 1 个	宜单独设置清洁间

注：1　上述设施大便器男女比例宜按 2∶3 设置，若男女比例有变化需做相应调整；其余按男女 1∶1 比例配置。

2　应按现行国家标准《无障碍设计规范》GB 50763—2012 规定，设置无障碍专用厕所或厕位和洗面盆。

② 公共卫生间应设前室或经盥洗室进入，前室和盥洗室的门不宜与客房门相对。

③ 与盥洗室分设的厕所应至少设一个洗面盆。

④ 公共卫生间和浴室不宜向室内公共走道设置可开启的窗户，客房附设的卫生间不应向室内公共走道设置窗户。

⑤ 上下楼层直通的管道井，不宜在客房附设的卫生间内开设检修门。

客房室内净高应符合下列规定：

① 客房居住部分净高，设空调时不应低于 2.40m，不设空调时不应低于 2.60m；

② 利用坡屋顶内空间作为客房时，应至少有 8m，净高不低于 2.40m；

③ 卫生间净高不应低于 2.20m；

④ 客房层公共走道及客房内走道净高不应低于 2.10m。

客房门应符合下列规定：

① 客房入口门的净宽不应小于 0.90m，门洞净高不应低于 2.00m；

② 客房入口门宜设安全防范设施；

③ 客房卫生间门净宽不应小于 0.70m，净高不应低于 2.10m；

④ 无障碍客房卫生间门净宽不应小于 0.80m。

客房部分走道应符合下列规定：

① 单面布房的公共走道净宽不得小于 1.30m，双面布房的公共走道净宽不得小于 1.40m；

② 客房内走道净宽不得小于 1.10m；

③ 无障碍客房走道净宽不得小于 1.50m；

④ 对于公寓式旅馆建筑，公共走道、套内入户走道净宽不宜小于 1.20m；通往卧室、起居室（厅）的走道净宽不应小于 1.00m；通往厨房、卫生间、贮藏室的走道净宽不应小于 0.90m。

度假旅馆建筑客房宜设阳台。相邻客房之间、客房与公共部分之间的阳台应分隔，且应避免视线干扰。

客房层服务用房应符合下列规定：

① 宜根据管理要求每层或隔层设置；

② 宜邻近服务电梯；

③ 宜设服务人员工作间、贮藏间或开水间，且贮藏间应设置服务手推车停放及操作空间；

④ 客房层宜设污衣井道，污衣井道或污衣井道前室的出入口应设乙级防火门；

⑤ 三级及以上旅馆建筑应设工作消毒间；一级和二级旅馆建筑应有消毒设施；

⑥ 工作消毒间应设有效的排气措施，且蒸汽或异味不应窜入客房；

⑦ 客房层应设置服务人员卫生间；

⑧ 当服务通道有高差时，宜设置坡度不大于 1∶8 的坡道。

（3）公共部分

旅馆建筑门厅（大堂）应符合下列规定：

① 旅馆建筑门厅（大堂）内各功能分区应清晰、交通流线应明确，有条件时可设分门厅；

② 旅馆建筑门厅（大堂）内或附近应设总服务台、旅客休息区、公共卫生间、行李寄存空间或区域；

③ 总服务台位置应明显，其形式应与旅馆建筑的管理方式、等级、规模相适应，台前应有等候空间，前台办公室宜设在总服务台附近；

④ 乘客电梯厅的位置应方便到达，不宜穿越客房区域。

旅馆建筑应根据性质、等级、规模、服务特点和附近商业饮食设施条件设置餐厅，并应符合下列规定：

① 旅馆建筑可分别设中餐厅、外国餐厅、自助餐厅（咖啡厅）、酒吧、特色餐厅等；

② 对于旅客就餐的自助餐厅（咖啡厅）座位数，一级、二级商务旅馆建筑可按不低于客房间数的 20%配置，三级及以上的商务旅馆建筑可按不低于客房间数的 30%配置；一级、二级的度假旅馆建筑可按不低于房间间数的 40%配置，三级及以上的度假旅馆建

筑可按不低于客房间数的50%配置；

③ 对于餐厅人数，一级至三级旅馆建筑的中餐厅、自助餐厅（咖啡厅）宜按1.0～1.20m^2/人计算；四级和五级旅馆建筑的自助餐厅（咖啡厅）、中餐厅宜按1.5～2.0m^2/人计；特色餐厅、外国餐厅、包房宜按2.0～2.5m^2/人计算；

④ 外来人员就餐不应穿越客房区域。

旅馆建筑的宴会厅、会议室、多功能厅等应根据用地条件、布局特点、管理要求设置，并应符合下列规定：

① 宴会厅、多功能厅的人流应避免和旅馆建筑其他流线相互干扰，并宜设独立的分门厅；

② 宴会厅、多功能厅应设置前厅，会议室应设置休息空间，并应在附近设置有前室的卫生间；

③ 宴会厅、多功能厅应配专用的服务通道，并宜设专用的厨房或备餐间；

④ 宴会厅、多功能厅的人数宜按1.5～2.0m^2/人计算；会议室的人数宜按1.2～1.8m^2/人计算；

⑤ 当宴会厅、多功能厅设置能灵活分隔成相对独立的使用空间时，隔断及隔断上方封堵应满足隔声的要求，并应设置相应的音响、灯光设施；

⑥ 宴会厅、多功能厅宜在同层设贮藏间；

⑦ 会议室宜与客房区域分开设置。

旅馆建筑应按等级、需求等配备商务、商业设施。三级至五级旅馆建筑宜设商务中心、商店或精品店；一级和二级旅馆建筑宜设零售柜台、自动售货机等设施，并应符合下列规定：

① 商务中心应标识明显，容易到达，并应提供打印、传真、网络等服务；

② 商店或精品店的位置应方便旅客，并应符合现行行业标准《商店建筑设计规范》JGJ 48—2014的规定；

③ 当旅馆建筑设置大型或中型商店时，商店部分宜独立设置，其货运流线应与旅馆建筑分开，并应另设卸货平台。

健身、娱乐设施应根据旅馆建筑类型、等级和实际需要进行设置，四级和五级旅馆建筑宜设健身、水疗、游泳池等设施，并应符合下列规定：

① 客人进入游泳池路径应按卫生防疫的要求布置，非比赛游泳池的水深不宜大于1.5m；

② 对有噪声的健身、娱乐空间，各围护界面的隔声性能应符合现行国家标准《民用建筑隔声设计规范》GB 50118—2010的规定；

③ 需独立对外经营的空间，宜设专用出入口。

旅馆建筑公共部分的卫生间应符合下列规定：

① 卫生间应设前室，三级及以上旅馆建筑男女卫生间应分设前室；

② 四级和五级旅馆建筑卫生间的厕位隔间门宜向内开启，厕位隔间宽度不宜小于0.90m，深度不宜小于1.55m；

③ 公共部分卫生间洁具数量应符合表 3.3.16 的规定：

公共部分卫生间洁具数量 **表 3.3.16**

房间名称	男		女
	大便器	小便器	大便器
门厅（大堂）	每 150 人配 1 个，超过 300 人，每增加 300 人增设 1 个	每 100 人配 1 个	每 75 人配 1 个，超过 300 人，每增加 150 人增设 1 个
各种餐厅（含咖啡厅、酒吧等）	每 100 人配 1 个；超过 400 人，每增加 250 人增设 1 个	每 50 人配 1 个	每 50 人配 1 个；超过 400 人，每增加 250 人增设 1 个
宴会厅、多功能厅、会议室	每 100 人配 1 个，超过 400 人，每增加 200 人增设 1 个	每 40 人配 1 个	每 40 人配 1 个，超过 400 人，每增加 100 人增设 1 个

注：1 本表假定男、女各为 50%，当性别比例不同时应进行调整。
2 门厅（大堂）和餐厅兼顾使用时，洁具数量可按餐厅配置，不必叠加。
3 四、五级旅馆建筑可按实际情况酌情增加。
4 洗面盆、清洁池数量可按现行行业标准《城市公共厕所设计标准》CJJ 14—2016 配置。
5 商业、娱乐加健身的卫生设施可按现行行业标准《城市公共厕所设计标准》CJJ 14—2016 配置。

（4）后勤部分

后勤部分的出入口应符合下列规定：

① 应与旅客出入口分开设置；

② 出入口数量和位置应根据旅馆建筑等级、规模、布局和周边条件设置，四级和五级旅馆建筑应设独立的辅助部分出入口，且职工与货物出入口宜分设；三级及以下旅馆建筑宜设辅助部分出入口；

③ 应靠近库房、厨房、后勤服务用房和职工办公、休息用房及服务电梯并应与外部交通联系方便，易于停车、回车和装卸货物；

④ 出入口附近宜设有装卸货停车位、装卸货平台、干湿垃圾储存间、后勤通道及货用电梯，并宜留有临时停车位；

⑤ 出入口内外流线应合理并应避免“客”“服”交叉，“洁”“污”混杂及噪声干扰。

厨房除应符合现行行业标准《饮食建筑设计标准》JGJ 64—2017 中有关规定外，还应符合下列规定：

① 厨房的面积和平面布置应根据旅馆建筑等级、餐厅类型、使用服务要求设置，并应与餐厅的面积相匹配；三级至五级旅馆建筑的厨房应按其工艺流程划分加工、制作、备餐、洗碗、冷荤及二次更衣区域、厨工服务用房、主副食库等，并宜设食品化验室；一级和二级旅馆建筑的厨房可简化或仅设备餐间；

② 厨房的位置应与餐厅联系方便，并应避免厨房的噪声、油烟、气味及食品储运对餐厅及其他公共部分和客房部分造成干扰；设有多个餐厅时，宜集中设置主厨房，并宜与相应的服务电梯、食梯或通道联系；

③ 厨房的平面布置应符合加工流程，避免往返交错，并应符合卫生防疫要求，防止

生食与熟食混杂等情况发生；厨房进、出餐厅的门宜分开设置，并宜采用带有玻璃的单向开启门，开启方向应同流线方向一致；

④ 厨房的库房宜分为主食库、副食库、冷藏库、保鲜库和酒库等。

旅馆建筑宜设置洗衣房或急件洗涤间，并应符合下列规定：

① 洗衣房的面积应按洗作内容、服务范围及设备能力确定；

② 洗衣房的平面布置应分设污衣入口、污衣区、洁衣区、洁衣出口，并宜设污衣井道；洗衣房应靠近服务电梯、污衣井道，并应避开主要客流路线；

③ 污衣井道或污衣井道前室的出入口，应设乙级防火门。

备品库房应符合下列规定：

① 备品库房应包括家具、器皿、纺织品、日用品、消耗品及易燃易爆品等库房；

② 库房的位置应与被服务功能区及服务电梯联系便捷，并应满足收运、储存、发放等管理工作的需要，库房走道和门的宽度应满足物品通行要求，地面应能承受重物荷载。

垃圾间应符合下列规定：

① 旅馆建筑应设集中垃圾间，位置宜靠近卸货平台或辅助部分的货物出入口，并应采取通风、除湿、防蚊蝇等措施；

② 垃圾应分类，并应按干、湿分设垃圾间，且湿垃圾宜采用专用冷藏间或专用湿垃圾处理设备。

设备用房应符合下列规定：

① 旅馆建筑应根据需要设置给水排水、空调、冷冻、锅炉、热力、燃气、备用发电、变配电、网络、电话、消防控制室及安全防范中心等设备用房，小型旅馆建筑可优先考虑利用旅馆建筑附近已建成的相关设施；

② 设备用房的位置宜接近服务负荷中心，应运行安全、管理和维修方便，其噪声和震动不应对公共部分和客房部分造成干扰；

③ 设备用房应有或预留安装和检修大型设备的水平通道和垂直通道。

职工用房应符合下列规定：

① 旅馆建筑宜设置管理办公室、职工食堂、更衣室、浴室、卫生间以及职工自行车存放间等用房；

② 四级和五级旅馆建筑宜设置职工理发室、医务室、休息室、娱乐室和培训室等用房。

旅馆建筑停车场（库）除应符合国家现行标准《车库建筑设计规范》JGJ 100—2015、《汽车库、修车库、停车场设计防火规范》GB 50067—2014 的有关规定外，还应符合下列规定：

① 应根据规模、条件及需求设置相应数量的机动车、非机动车停车场、停车库；

② 旅馆建筑的货运专用出入口设于地下车库内时，地下车库货运通道和货运区域的净高不宜低于 2.80m；

③ 旅馆建筑停车库宜设置通往公共部分的公共通道或电梯。

2. 方案深入设计

（1）细化平面设计

① 标注开间轴线尺寸和总尺寸，共两道尺寸（注意符合建筑模数）。对照任务书的各

个空间（或者房间）面积要求，反复修改尺寸，注意把房间的大小控制在允许的范围，自由空间（含走道、过厅等）的面积控制、总建筑面积不要超过任务的要求。

② 标注各个房间的开门与开窗。在开窗设计时，第一要注意不同房间的采光基本要求，面积大小合适，窗间墙大小符合施工要求；第二要注意兼顾立面（建筑四个立面），开窗要兼顾外墙的虚实关系；第三要注意西晒、节能和景观的要求，为了兼顾这些方面，一个房间可以开两个方向的窗。开门设计第一是注意开启位置，一个房间一般有一个以上可开门的位置，选位置时注意人的交通流线和家具布置的配合，不要交叉和过多穿越；第二是确定开启方向，选择内开、外开或者直接设计为洞口；第三是选择门的类型，可以选择推拉、双扇门以及旋转门等。

③ 落实必要的标注项目，包括各类房间名称、各个面的标高、指北针、剖切符号以及一些台阶、楼梯、踏步、无障碍坡道等。

④ 加强技术设计。技术设计的重点是柱网的合理分布，上下柱子是否对齐，墙体与柱子布置是否受力合理，楼梯的跑长和休息平台宽度是否满足规范，过道宽度、楼梯口净高是否满足规范（特别是建筑层高有变化的空间组合，跑楼梯的平台与框架结构梁的净高问题）。

⑤ 草布主要房间家具。主要包括餐厅的布置、厨房的布置、后勤办公以及卫生间的设施布置。对于非家具的一些隔断、入口门厅等线条示意位置即可。

⑥ 屋顶的表达尤其注意。对于坡屋面，注意找坡的方向和屋脊线，出挑部分，可以在中间用虚线勾画墙体线以显示出挑的距离和位置。对于平屋顶，要通过标高来反映位置关系，出屋面表达一些高差线、漏空的要用正确的设计表达手段示意。

（2）深化立面设计

① 对于立面，首先要确定造型设计的风格，并据此选择合适的体量。对于主立面，即入口的立面，要注意有视觉的“焦点”（无论位置还是符号）。立面和平面投影要基本对应，不能全部是直接投影，要重新进行构图设计。对于需要增加的构图元素，可以反过来在平面图中追加，有时候是一面墙或者出挑的窗套，或是一些壁柱，设置一些装饰假柱或者假梁。因为是公共建筑，功能比较多样，所以不会存在类似住宅建筑两侧山墙为镜像关系的立面，应绘制 3 个以上的立面以完全表达空间关系。

② 围绕造型设计风格立意，选择表现手法和技术策略，寻找形成或者反映这种风格的构图元素或者母题。一般来讲，一种风格的形成，首先是体量上的比例关系，主要包括是否对称构图、平屋面还是坡屋面、屋顶形式等。其次是一些特殊符号和构成母题，例如欧式风格常常有山花、叠涩、列柱、券拱，还有圆券带券心石的，有的还有壁炉、尖塔、阁楼等；再如川西北民居风格有高低错落的坡屋面、穿斗式山墙、挑檐、悬窗等构件；还有，如藏族民居有碎石外墙、特殊窗套构造和梯形窗的形状特点等。再次是这种风格的一些装饰构件和装饰符号，例如我国彝族建筑的竹节、牛头，纳西族建筑的白描线条，徽派民居的封火山墙，以及欧式建筑的浮雕，印度建筑的马蹄券、覆莲、仰莲等。

③ 完善立面标注。一般方案有两道尺寸。室内外高差、层高、屋顶距楼面高为第一道尺寸，地面到最高处的总尺寸为最外面的第二道尺寸。在特殊的部位标注标高。用形象的绘图表现出外墙的材质或者直接文字注明。

④ 对于建筑主要的线条或者轮廓线，可以用粗线走一道，使图形更精神，包括反映地平线的粗实线。对于坡地，甚至将地形一并反映，用场地的纵断面图来表达空间关系。

⑤ 构图自审。包括立面的虚实关系、构图要素的比例关系以及构图的平衡，有些时候需要修改平面设计。例如有些长阳台，投影面影响构图的比例，就可以改成半弧型，立面有多个投影，就可以破一下构图。有时候需要加一些盲窗或者加一些窗套，甚至加一片山墙来调整立面构图。这需要长时间的多方案比较和斟酌。

⑥ 立面设计要注意形体关系。公共建筑功能复杂、体块分割比较零散，在完成平面设计的时候很难统一立面，建筑很容易成为“功能堆积”体，没有整体构图，屋顶破碎，不便于识别。设计时应注意屋顶的形式统一、构架统一或者材料统一，塑造一个整体的易于识别的形象体。

（3）细化剖面设计

① 为了反映建筑的构造和空间关系，一般需要两个方向的剖面图。剖面图首先要反映正确的构造关系和投影关系。首先要做的是选择剖切位置。一般选择空间变化复杂、错落、出挑以及跃层等重要部位剖切。其次是注意用正确的材料图示语言表达构造关系，剖到的部位是实线、粗线，投影的部分是细线。

② 为了强调空间功能和效果，可以在各个楼层分布图中加一些人物剪影或生活场景。

③ 完善剖面标注。一般两道尺寸。用形象的绘图表现出和地形与环境的关系，包括挡土墙、堡坎、地下室、湖面。

④ 剖面设计要注意兼顾结构的表达。譬如网架的剖面、肋梁楼盖以及其他结构形式所产生的构造关系，要反映结构美。

（4）基本完成总图的布置

① 对于公共建筑，在做总图设计时首先要保证至少有两个出入口。即使是车行入口和步行入口并在一起，也需要另外设置一个场地出入口（或称后门、侧门）。

② 在设置车行入口时候，要保证满足转弯半径和回车场地尺寸要求。要保证建筑外墙距离用地红线至少 2m 的间距。对于停车场设计，车辆出入口应有足够满足货车倒弯的场地（转弯半径一般为 9m），货车停车位置为 3m×8m，普通小型车停车位置 2.5m×6m。

③ 总图中布置的要素包括室外停车位、景观树以及室外休息桌椅，不能全是绿化和草地。布置内部交通时要设置环建筑或者半环建筑的步行道路，不小于 1.5m，使得从后门能直接走到前门。对于入口广场，其具体大小要看建筑轮廓的大小，整合布局形态，形状需要构图设计。

④ 总图要标注建筑的层数，表现屋顶形式，标注主次入口，简单计算用地的技术经济指标，起码包括用地面积、建筑面积、建筑密度、容积率、绿地率。

（5）关于分析图和模型

① 三草阶段要完成计算机辅助建筑模型的制作，制作模型的主要目的是推敲建筑形体的虚实、空间体量的大小以及选择建筑屋顶的形式。要尝试多种可能的屋面处理形式和空间处理形式，譬如加一些外挂的空间板改变造型，增加一些构架改变空间体

量等。

② 模型要表现材质。一般建筑要么多材质要么纯材质。多材质适合造型单一的建筑，需要再次用色彩完成构图（例如多层住宅用色带提升韵律），注意先控制色调，建筑表皮色彩不宜太多，一般2～3种比较合适，其中也包括窗套和屋面。对于纯色调，适合造型复杂不宜统一的建筑，用单一材质统一立面，这个要注意重点表现空间的穿插和体量的对比，虚实空间的光影。

③ 做模型不是按照方案来造型，而是把它作为设计的一部分，通过模型来反复修改设计，探索设计的最好形体、立面、表现，加深对空间和建筑的解读，不是一草图纸的翻译。

④ 分析图纸要细化表达。一是要完成图例的设置，引导读图；二是注意表达的生动性；三是文字和图的配合要适宜。

3. 课后要求

每次课后根据课上讲授内容及教师点评提出的修改意见进行修改深化，最终完成三草深入设计。

4. 点评三草

3.4 正图（第13、14次课）

对第三次草图作少许必要的修改后，即开始模型制作或者上版。正式图务须正确表达设计意图，无平、立、剖不符之处，并要求通过上版系统地掌握绘制透视表现的方法，细致地绘制线条图。

1. 排版

除了画好总平面图、平面图、立面图、剖面图、效果图、分析图等课程要求的图，图纸最终的排版也是至关重要的。

标题：关系对比，可以通过字号大小以及色彩明度来体现。比如注释类文字，就可以用较淡的颜色，而标题文字用较深的色彩。

疏密原则：组织内容排版的原则。不同层级或不相关的内容，相隔距离远；同一层级、相关性较强的内容，相隔距离近。

对齐原则：多个视觉元素，要有一致的对齐参考线，这样版面才不会凌乱。

重复原则：类似的视觉元素，可重复套用一个的模板，让版面有统一规律可循。

排版、文字细节本身也属于设计的一部分，排版的好坏会直接影响到设计项目的整体呈现效果。

（1）排版的目的

在排版前，首先要明确排版的目的，需要排什么样的风格，呈现什么样的内容，传达怎样的设计逻辑。

常见问题1：图纸无序堆积

很多学生的学习是碎片式的，专业课程间缺乏紧密联系，作业也多是针对一门课程，导致设计作业也呈现碎片化的状态。

常见问题 2：排版混乱

一个完整设计项目的呈现就好比一部呈现在考官面前的个人电影，想要这段时间内被认同且被另眼相看，那么排版便是大家导演和剪辑的过程：

如何在图纸中用最简单的组织逻辑阐述清楚设计思想？

如何在设计美观度和图纸表现力上体现自己的设计能力？

是否让别人看到了那个“你想让他注意的地方”？

如何控制整个项目的节奏感？

常见问题 3：图纸过密

在排版过程中，应该知道如何取舍。在出图时，有些同学经常纠结如何把每张图画得复杂好看，因此把一些比较简单的图放弃掉，其实相比于满目复杂图像，信息得到有效传递更为重要，而无重点的图像堆砌只会让人心生疲惫。大家要注意以下问题：

如何将设计分析图和表现图搭配？

如何突出表达的设计重点？

如何在单张图纸中展现信息的多重性？

什么时候需要出现关键图纸？

什么时候简单干净的图纸排版远胜于堆叠罗列图纸，什么时候字体加得过多会造成图面的繁杂？

常见问题 4：排版逻辑混乱

逻辑必须清晰明确。很多学生并不了解如何讲述自己的设计作品，有效的信息总结也未整理清晰，这样得到的排版会十分混乱，跳跃性思维的排版很容易让设计看起来缺少逻辑性。

创意百分百，为什么方案一出就剩一半？

（2）排版出图法

排版出图法是根据项目前期发展，先确定最终的排版策略，然后根据排版有目标和侧重地出图。

当我们的设计概念确定，设计方案进行过调整优化后，在准备真正动手进行设计实践之前，先根据最终构想的成品和过程中必须要呈现的步骤进行初步排版规划，然后再进行设计实验和按需出图。简言之，等于先进行一个规划，明确最终需要呈现什么元素，实现过程有哪几步，每一步必须有多少张图，然后再根据规划有目的地行动。

如何在排版中展现设计的思维逻辑？

如何在不同项目中体现每个项目的关键点和概念？

如何体现不同项目之间的起承转合？

这样做的好处是：因为确立了初步排版方式，流程清晰，所以接下来的目标指向会更明确，行动也更高效。

2. 制图要求

（1）总平面布置图（1∶500）

画出准确的屋顶投影并注明层数，注明各建筑出入口的性质和位置；画出详细的室外环境布置［包括道路、广场、绿化、停车场（位）等)］，正确表现建筑环境与道路的交接关系；标注指北针（上北下南）。

（2）各层平面图（1∶200）

首层平面应有指北针，方向与总平面图一致；

首层表达需带周边环境；

混凝土柱、剪力墙等承重构件涂黑表示，填充墙、幕墙不涂黑；

绘制家具设备；

房间名称应直接标注在房间内部，不得以编号的方式在平面外标注；

标注剖切符号，剖切位置应与剖面图对应；上层有挑空部分，其轮廓以虚线表示；

卫生间、厨房等涉及上下水设备的房间绘制家具设备；

二层以上，方向与一层平面一致，其他要求与首层平面一致，但无需表达建筑周边环境；

楼板开洞处以折线符号表示；

画出该层相邻的下一层屋顶平台及屋顶的外轮廓；

各层平面均应标明标高，同层中有高差变化时亦须注明；

须进行重点空间室内家具及卫生设备布置。

（3）立面图两幅

其中一幅为主入口立面或沿街立面；要求画配景；

立面以东、南、西、北立面命名或以轴号命名；

立面需画出阴影以表示凸凹关系；

制图要区分粗细线来表达建筑立面各部分的关系。

（4）剖面图两幅（1∶200，充分表达建筑的空间特色）

纵横剖面图各一个，剖切位置应选在建筑门厅以及高差变化较多的部位，标注标高(室内外地面标高、层高标高)；

剖面图结构梁板部分涂黑，墙线为加粗黑线，标注尺寸线及标高；

尽量剖切到带有门与窗的位置。

（5）分析图至少三种

分析图包括构思草图、区位分析、流线分析、功能分区、场地分析、景观分析、体块生成、剖透视、剖轴测等分析图至少三种。

（6）其他

图名：大小适中，位置合理，一套图纸图名要一致并标清序号；

经济技术指标：用地面积、建筑面积、容积率、绿地率等；

设计说明：简明扼要，重点说明方案立意构思及特点等。

3.5　学　生　作　业

3.5.1　调研报告

PARK GREEN SPACE 民宿旅馆设计调研报告

——规范资料

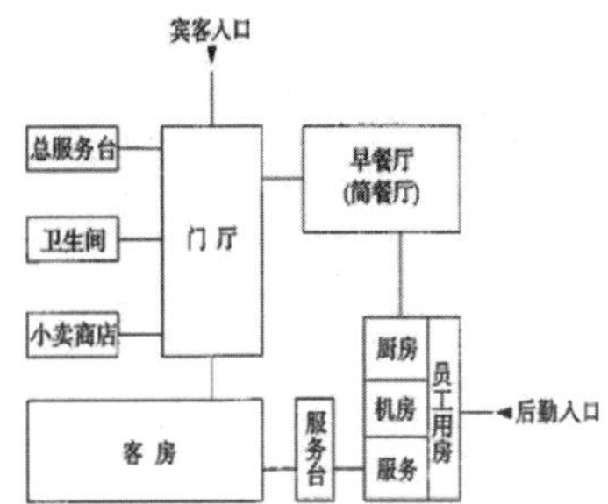

选址要求

1. 应选择工程地质及水文地质条件有利、排水通畅、有日照条件且采光通风较好、环境良好的地段，并应避开可能发生地质灾害的地段

2. 不应在有害气体和烟尘影响的区域内，且应远离污染源和储存易燃、易爆物的场所

一般规定

1. 出入口应有明显的导向标识，并应能引导旅客直接到达门厅

2. 应满足机动车上、下客的需求，并应根据使用要求设置单车道或多车道

3. 出入口上方宜设雨篷，多雨雪地区的出入口上方应设雨篷地面应防滑

旅馆
客房部分 公共部分 后勤部分
客房层 客房 大堂 会议 康乐 餐饮 行政办公 厨房 后勤
各种类型客房 会议室 多功能厅 各种餐厅设施 各部门 货物 员工 设备
大堂吧 总台 商务中心 健身 娱乐 中餐 西餐

客房规定

1. 不宜设置在无外窗的建筑空间内，客房、会客厅不宜与电梯井道贴邻布置

2. 客房居住部分净高，当设空调时不应低于2.40m；不设空调时不应低于2.60m；客房层公共走道及客房内走道净高不应低于2.10m。

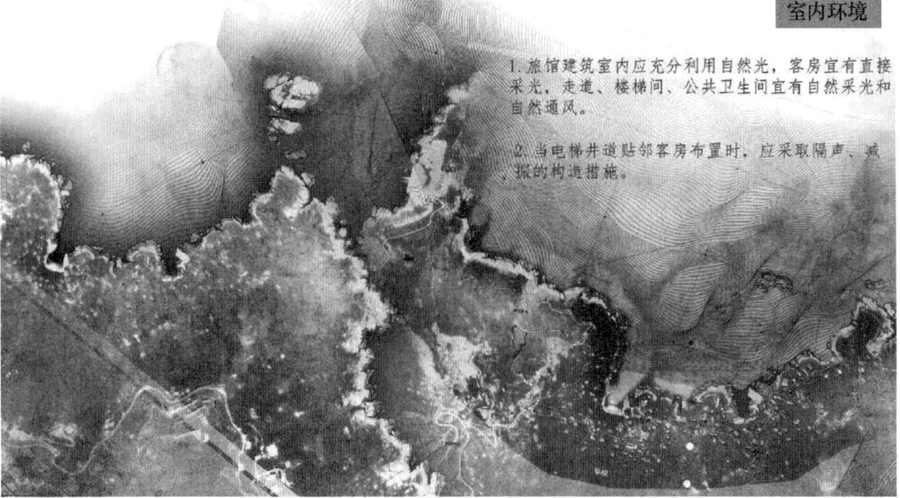

室内环境

1. 旅馆建筑室内应充分利用自然光，客房宜有直接采光，走道、楼梯间、公共卫生间宜有自然采光和自然通风。

2. 当电梯井道贴邻客房布置时，应采取隔声、减振的构造措施。

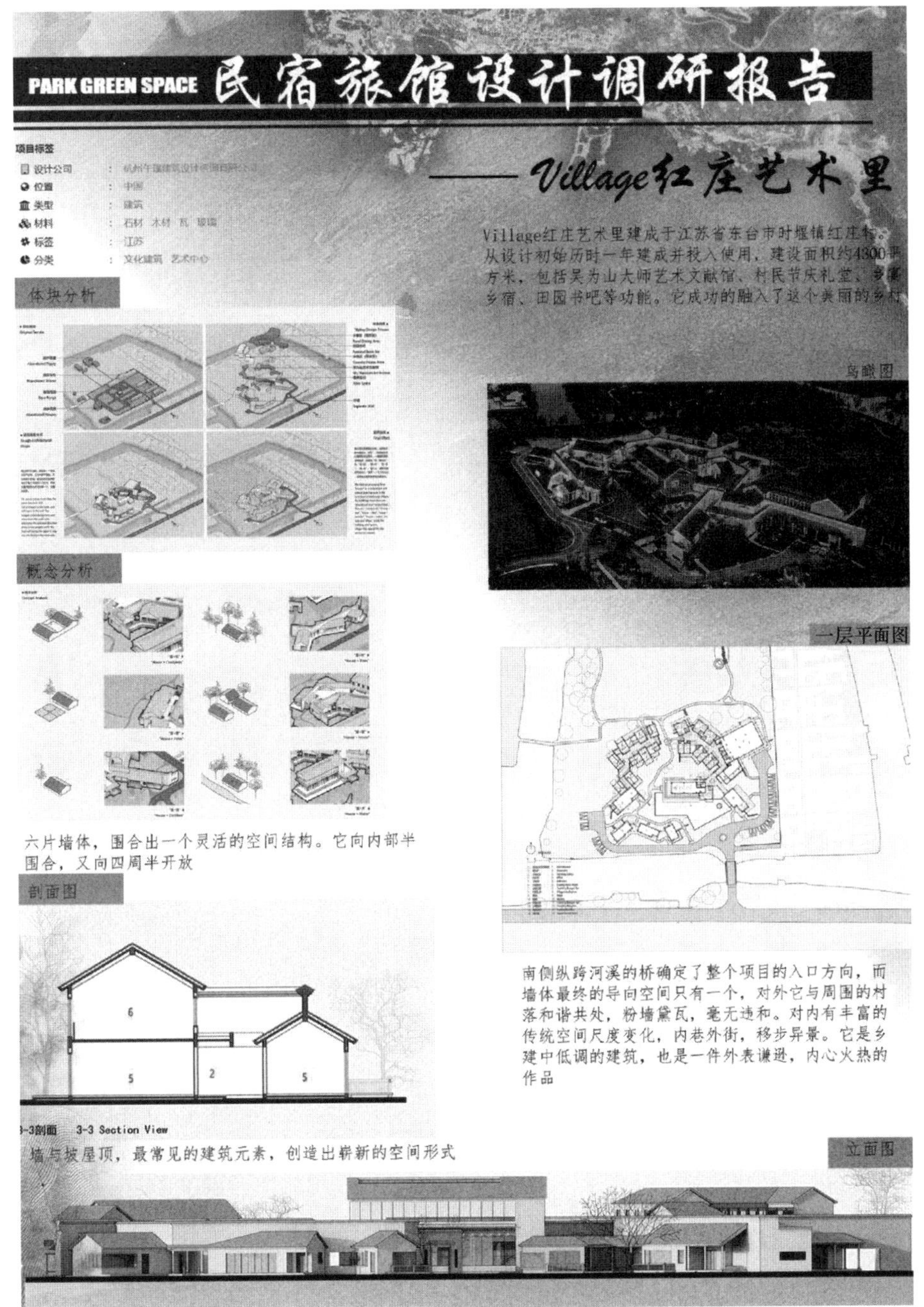
PARK GREEN SPACE 民宿旅馆设计调研报告
——Village红庄艺术里
项目标签
设计公司
位置　：中国
类型　：建筑
材料　：石材　木材　瓦　玻璃
标签　：江苏
分类　：文化建筑　艺术中心
Village红庄艺术里建成于江苏省东台市叶堰镇红庄村。从设计初始历时一年建成并投入使用，建设面积约4300平方米，包括吴为山大师艺术文献馆、村民节庆礼堂、乡宿、田园书吧等功能。它成功的融入了这个美丽的乡村
体块分析
鸟瞰图
概念分析
一层平面图
六片墙体，围合出一个灵活的空间结构。它向内部半围合，又向四周半开放
剖面图
6
5
2
5
3-3剖面　3-3 Section View
墙与坡屋顶，最常见的建筑元素，创造出崭新的空间形式
南侧纵跨河溪的桥确定了整个项目的入口方向，而墙体最终的导向空间只有一个，对外它与周围的村落和谐共处，粉墙黛瓦，毫无违和。对内有丰富的传统空间尺度变化，内巷外街，移步异景。它是乡建中低调的建筑，也是一件外表谦逊，内心火热的作品
立面图

PARK GREEN SPACE 民宿旅馆设计调研报告
——川房
项目标签
设计公司 ： 来建筑设计工作室
位置 ： 中国
类型 ： 建筑
材料 ： 木材 钢筋混凝土 混凝土 玻璃
标签 ： 浙江 湖州
分类 ： 民宿
鸟瞰图
总平面图
空间体量，每一个体量代表一个使用场景
一层平面图
二层平面图
三层平面图
堆叠的空间体量如同置石一般咬合在一起，屋面排水本是建造系统中重要的一项技术问题，通常被构造设计隐蔽起来。在川房中将落水管有意表露出来，补山的单元采用了当下最易操作的建造单元——，卧室，起居，餐厅，咖啡，娱乐，被悉数堆叠在一起，体量的大小和比例直接由使用功能决定。堆叠产生了露台、架空、出挑，每个空间体量的内与外都有着不同的开敞方式。
室内效果图
室内的设计简约又大方，给人一种轻松愉悦的感觉
剖面图
立面图

3.5.2　草图

课程名称：建筑设计 3
设计师姓名：朱鑫欣
专业班级：建筑 208 班
指导教师：孙佳宁、路曦遥
设计说明：

此次名宿设计围绕着乡村振兴主题，主要解决乡村产业结构单一的问题，选用新中式风格，并融合新元素，以虚实结合的手法，营造出属于乡村的独特氛围。院落设计，整体院落狭长，房屋规格将庭院分为两个不同的末节，不同的院落空间可以给予更好环境感受，小院落可以体现人文环境自然相融合，和谐中又体现其独特。表达人义精神是我们设计方案的重要要术，西与自然的融合又体现舒适生活重高的需要。

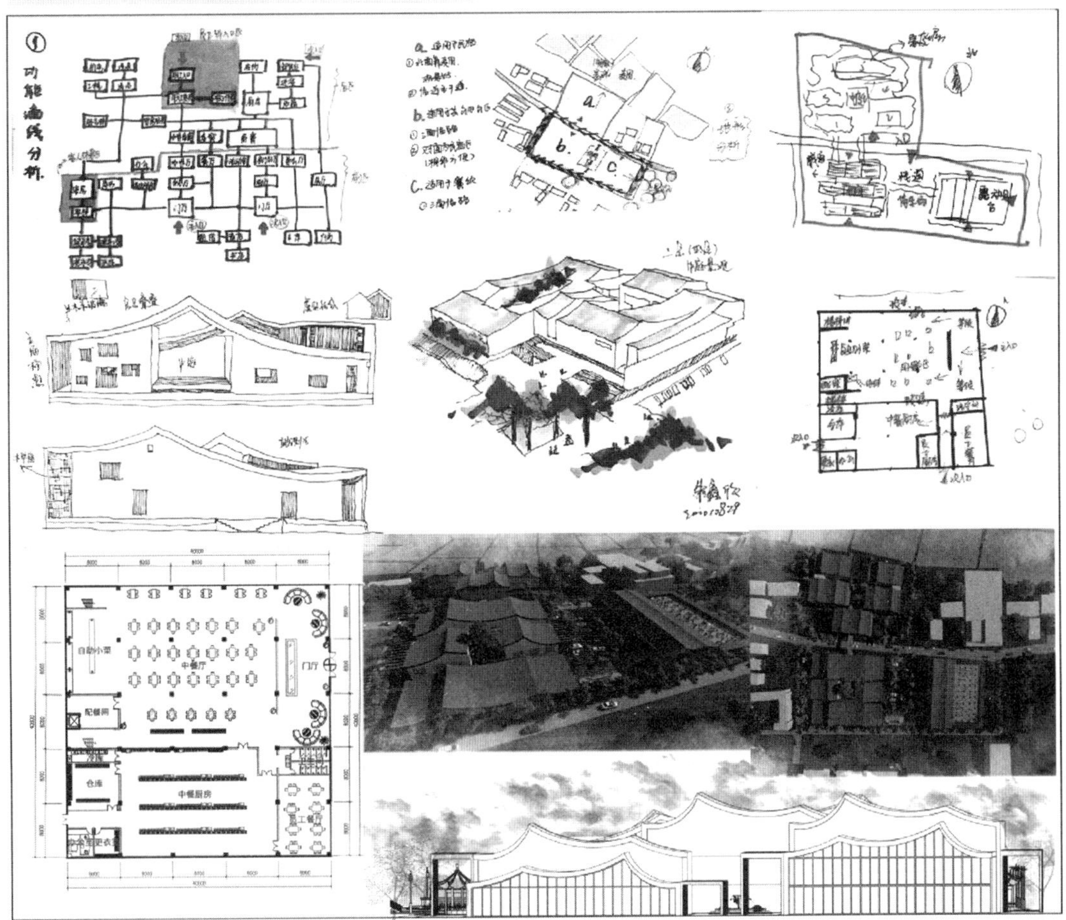

课程名称：建筑设计 3

设计师姓名：秦浩然 **专业班级**：建筑 204

指导教师：杜欢

设计说明：以当地居民居住地块的分布为灵感，划分成四个体块为低层基本空间，体块与体块之间靠近，来强调建筑整体性；同时也划分出外到内的隐形过度（即灰空间）。相互之间借助走廊加强联系。然后再往上进行横向的排布作为客房的安排，使客房得到大面积得采光。立面上进行微倾斜，提升纵向上空间的交流性。

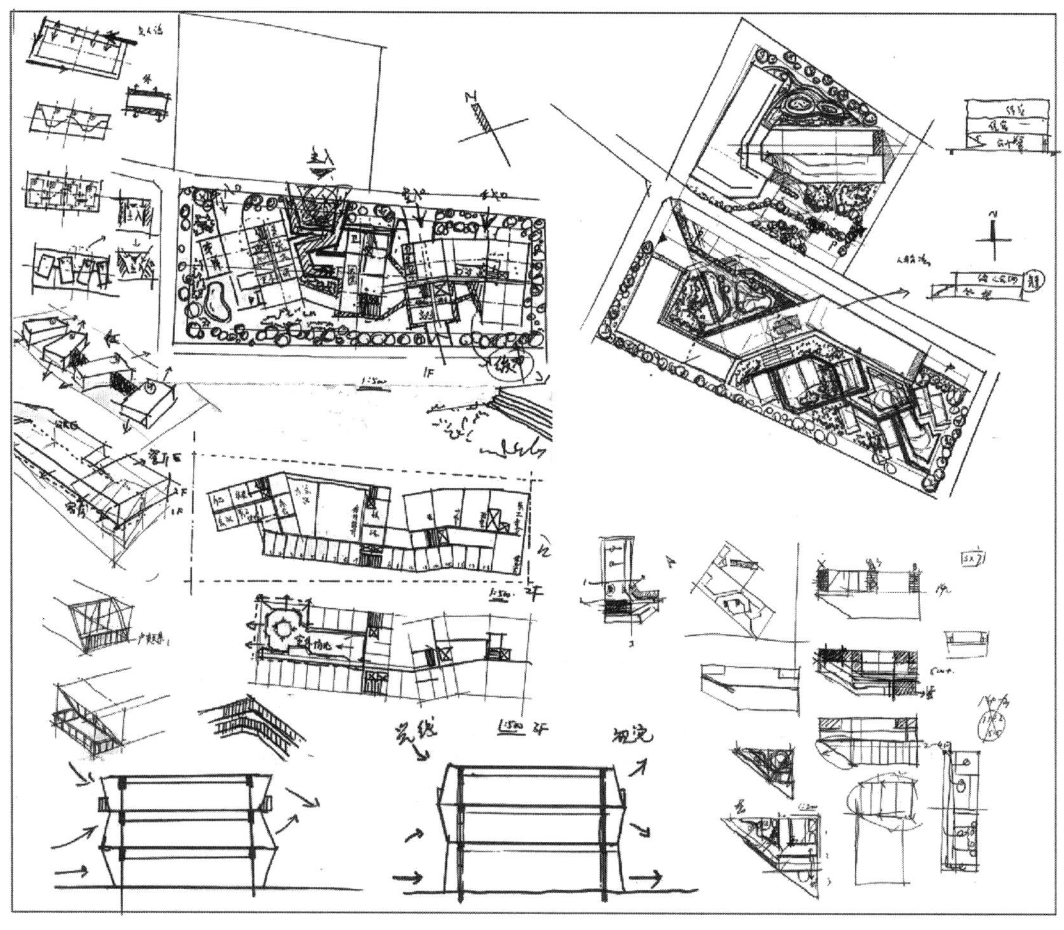

课程名称：建筑设计 3
设计师姓名：刘彤**专业班级**：建筑 206 班
指导教师：张娜 吉燕宁
设计说明：古人云："横看成岭侧成峰，远近高低各不同。"结合这次设计任务书要求，为更加符合乡村民宿这一主题内容便有了此次设计。它是几个高低不同的山峰的集合。最后希望借此次设计能感受建筑设计之美，提升审美能力。

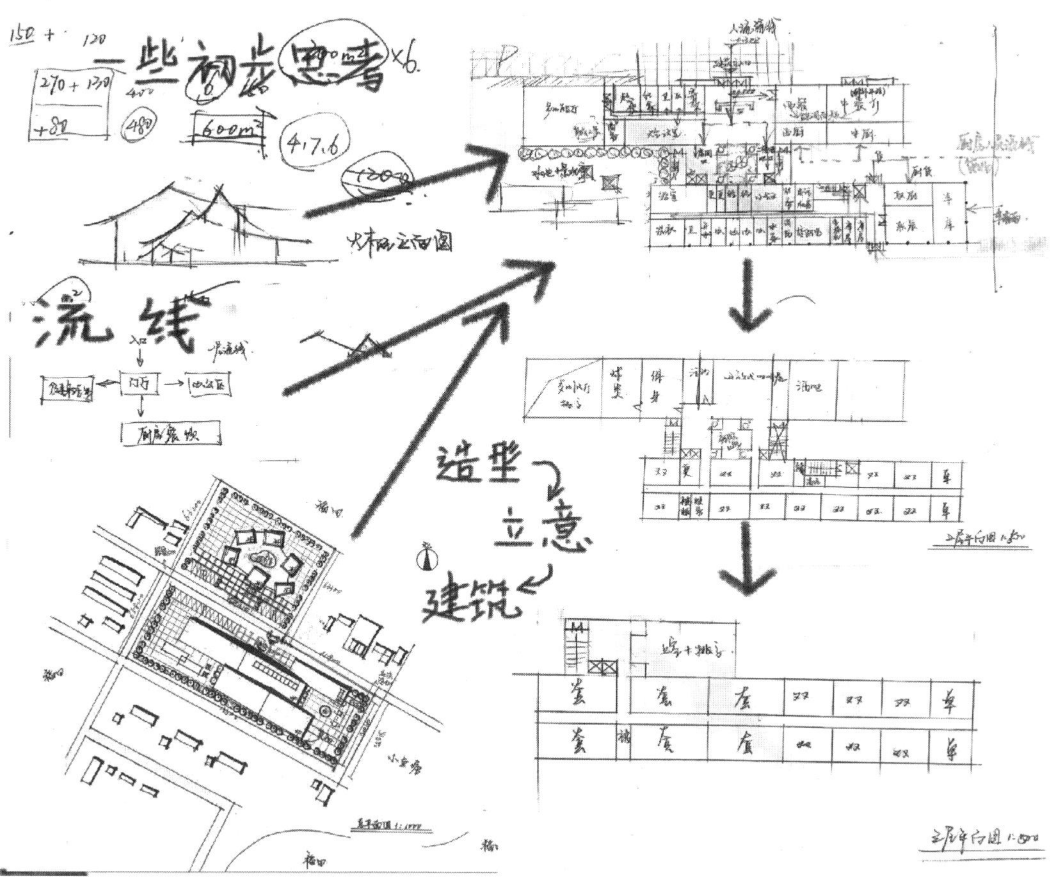

课程名称：建筑设计 3
设计师姓名：曾令硕
专业班级： 建筑学 203 班
指导教师：张一帅、林瀚
设计说明：本设计借鉴妹岛和世与西泽立卫的设计风格。通过将稻田引入场地、将建筑拆分重组的方式并使用轻透材料及结构将周边稻田相拼接缝合，放弃建筑的中心地位使人与环境的互动成为主导因素。

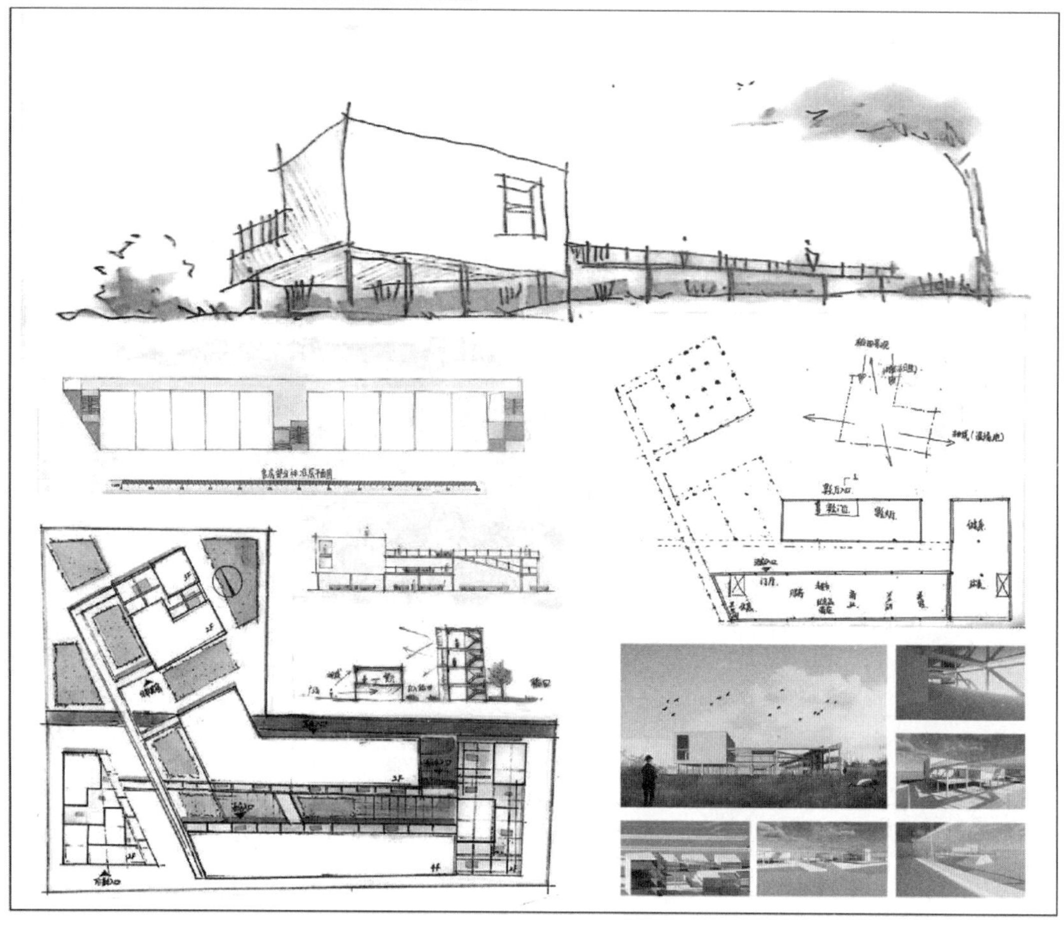

课程名称：建筑设计 3

设计师姓名：冯思淼**专业班级**：建筑 205 班

指导教师：谢晓琳、石鹏程

设计说明：本次民宿设计采用动静分离的设计手法，公共部分、后勤部分、餐厅部分与客房部分分开设置又相互联系。设计追求质朴，强调场所给人带来的感受。设计建筑内部庭院景观和室外场地设计，为质朴的空间增添了灵动性。结合当地人文与自然景观设计出适合游客居住的民宿建筑。

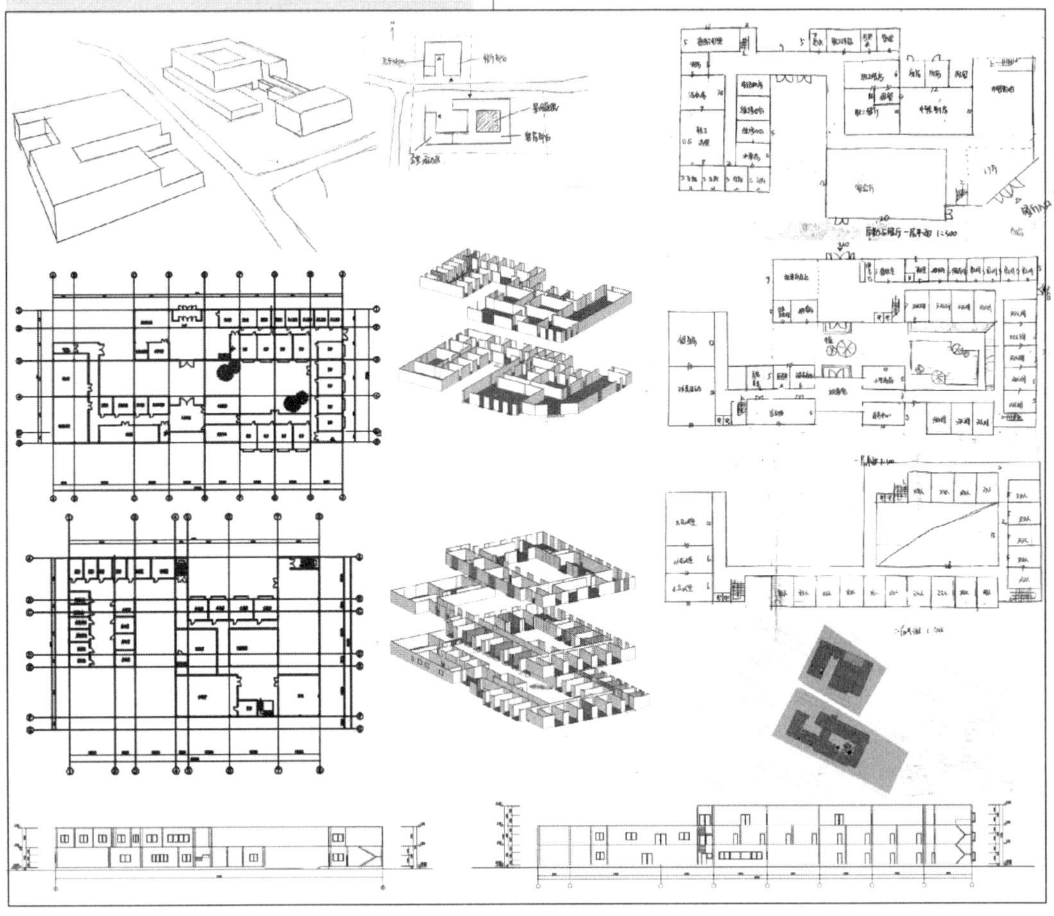

课程名称：建筑设计 3
设计师姓名：李嘉馨
专业班级：建筑学 202 班
指导教师：李诗、逄博
设计说明：该建筑位于辽宁省沈阳市沈北新区大孤柳村，主体建筑呈一字形分布，北侧区域为分散式建筑。

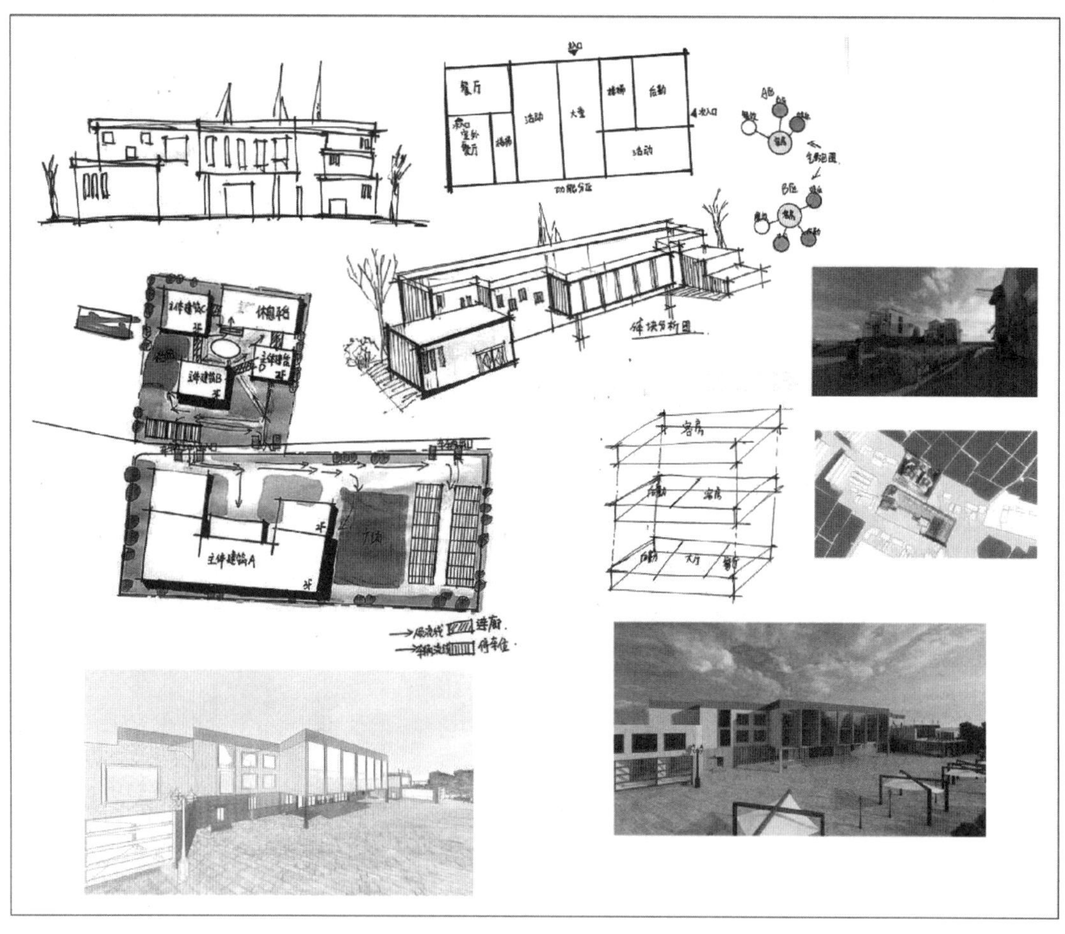

课程名称：建筑设计 3

设计师姓名：于秋里 专业班级：建筑 207

指导教师：尤美苹，石椿晖

设计说明：本设计定位于沈阳市沈北新区兴隆台街道，在充分的分析场地周边环境的基础上，尊重场地现状，保留并借用优质的场地绿化并对基地内进行开发改造，主题用周边种植红枫树来呼应周边的稻田，使其在秋天来临之际成为绝美风景为本民宿营造独一无二的“世外稻园”在近稻田处的地块设置景观以及休憩处，在建筑群区设计主体建筑充分利用基地优势，打造了一座娱乐于休息于一体的优质民宿。

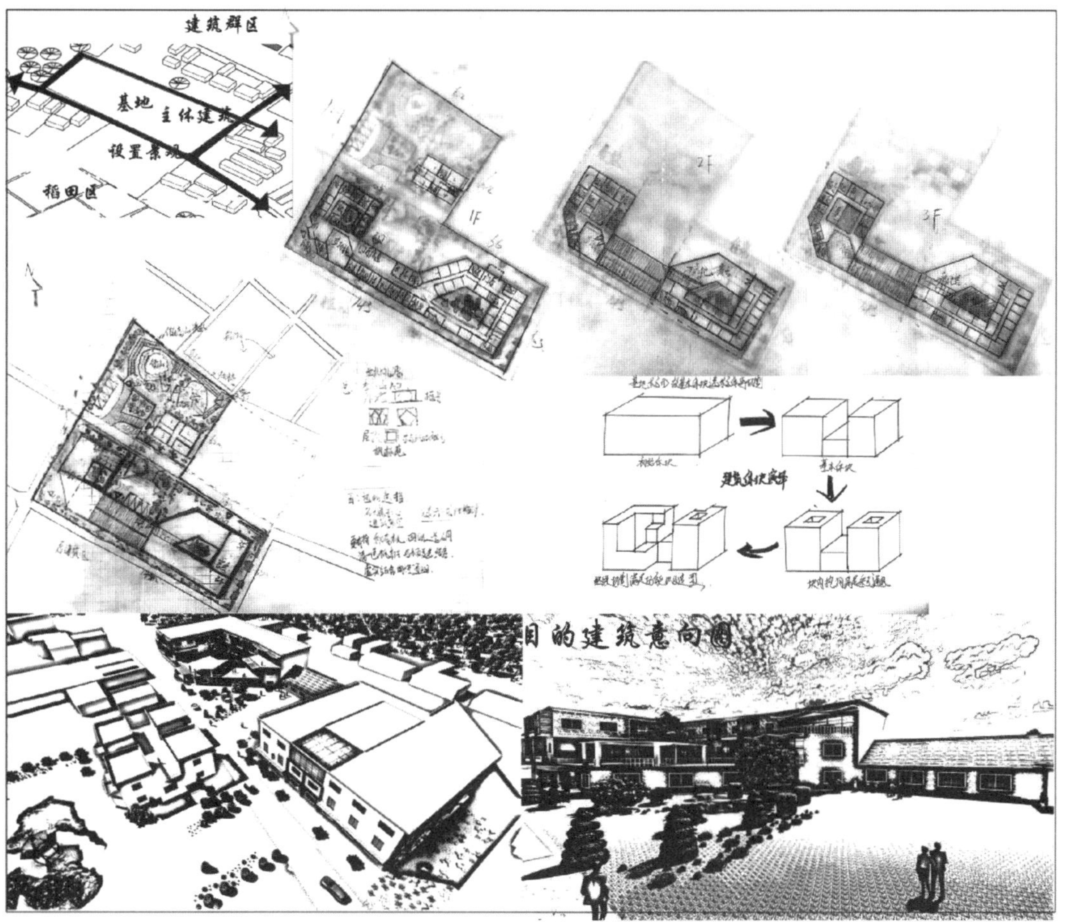

课程名称：建筑设计 3

设计师姓名：赵梓安 **专业班级**：建筑 203

指导教师：林瀚，张一帅

设计说明：该建筑旨在打造适宜的休闲短途有配套民宿旅馆，提升乡村旅游居住品质，紧邻单家村稻梦小镇，设计成果包括一处集中式民宿酒店以及局部分散式高端民宿。

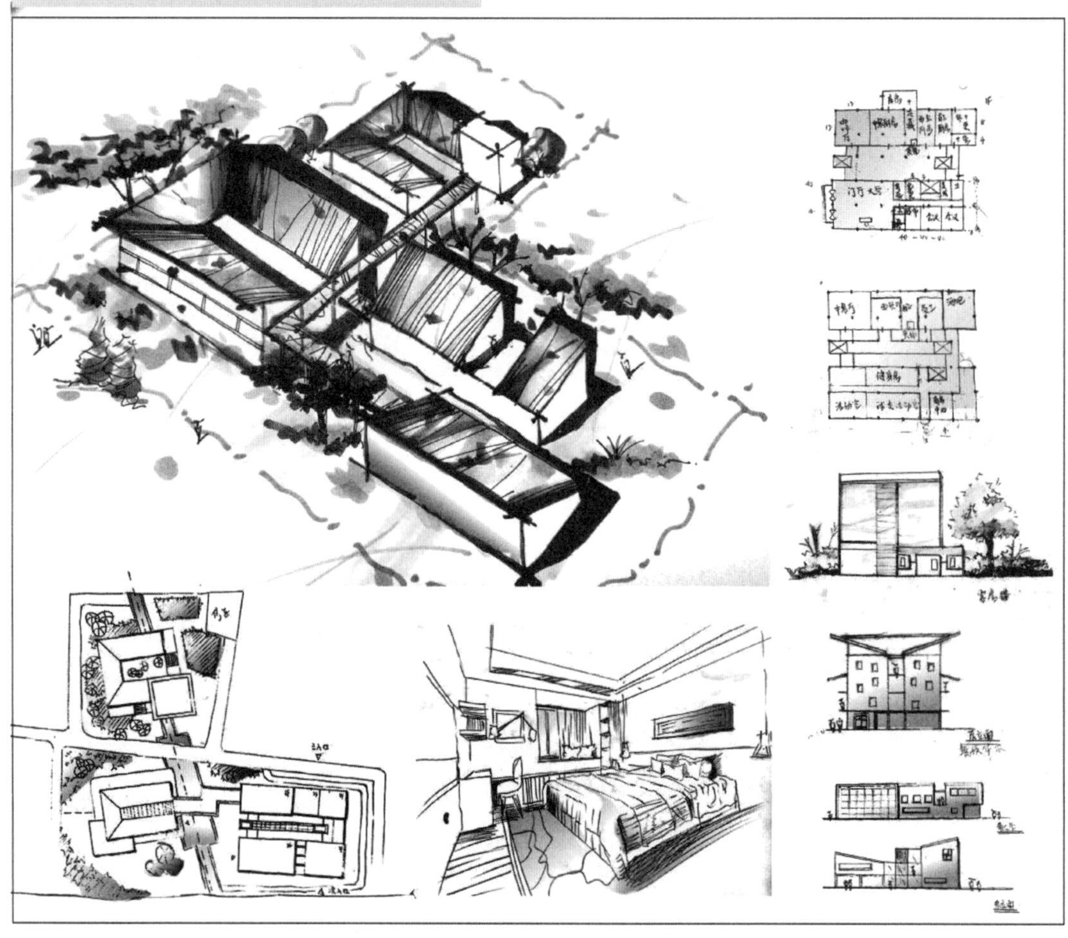

3.5.3　正图

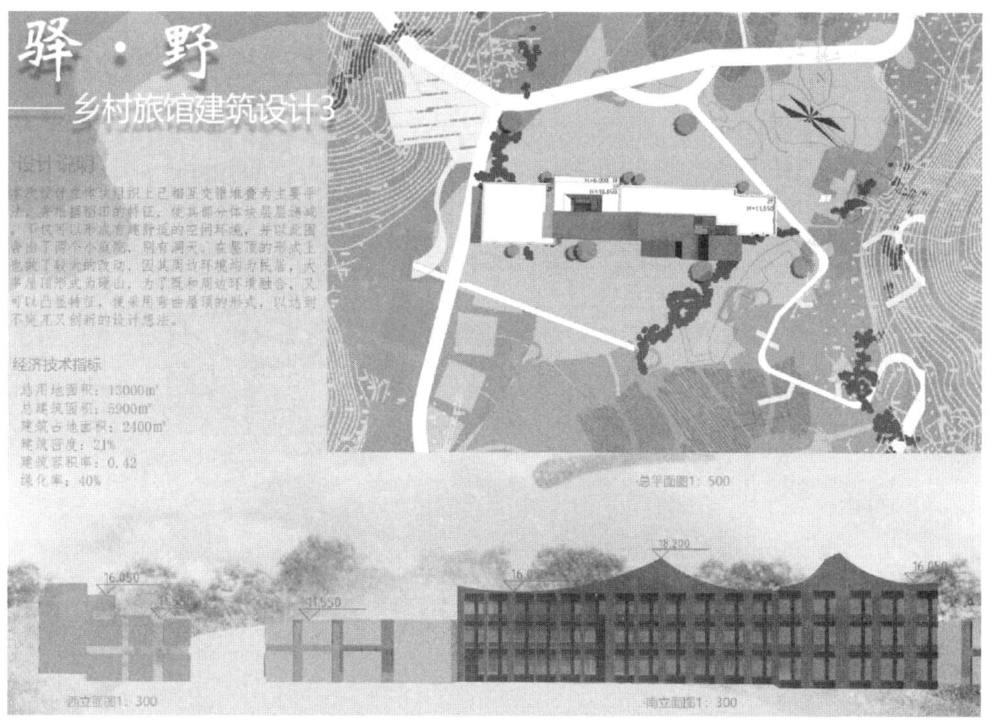
驿·野
——乡村旅馆建筑设计3
经济技术指标
总用地面积：13000m²
总建筑面积：5900m²
建筑占地面积：2400m²
建筑密度：21%
建筑容积率：0.42
绿化率：40%
总平面图1：500
16.050
11.550
18.200
西立面图1：300
南立面图1：300

驿·野
——乡村旅馆建筑设计4
·区位分析
·景观绿化分析
·交通分析
效果图
16.050
18.200
11.550
东立面图1：300

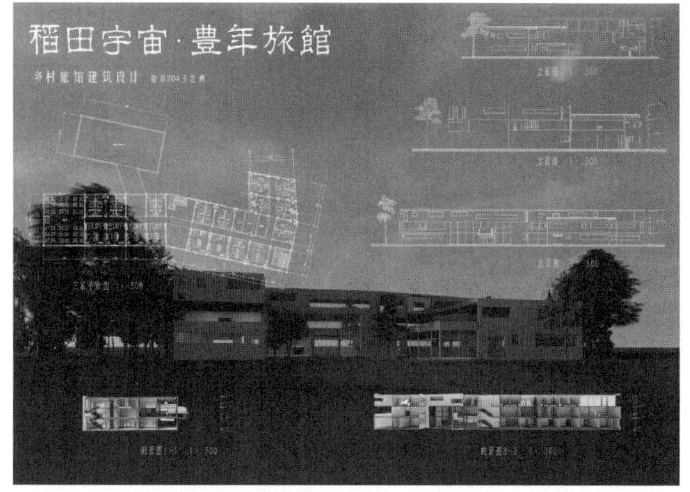
稻田宇宙·豊年旅館
乡村旅馆建筑设计

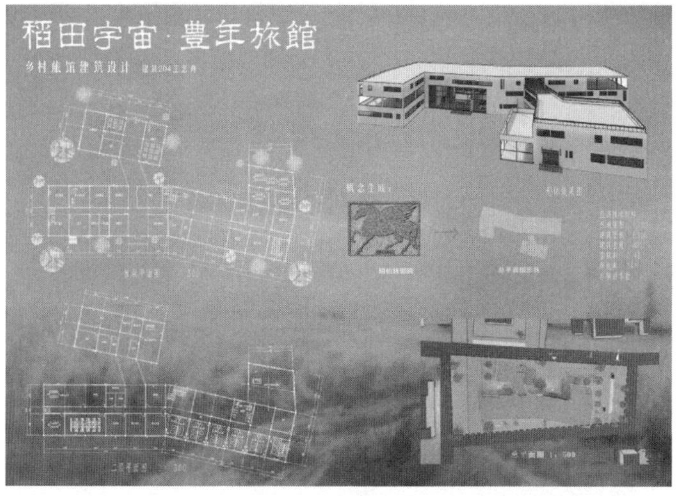
稻田宇宙·豊年旅館
乡村旅馆建筑设计

稻田宇宙·豊年旅館
乡村旅馆建筑设计

山湖间
乡村旅馆建筑设计
设计说明："久在樊笼里，复得返自然"，藕荷色的建筑
与山林周边稻田很好的融合在一起。大块通透的落地窗嵌
入几何建筑上，整个空间通透明亮。几何感的
拱形长廊在东侧还有一方水池，简洁
安静中融入质朴的美
主入口
货物入口
单元节点
一层平面图 1:300
主入口空间
阳光草坪
休憩空间
树阵广场
东立面图 1:300
南立面图 1:300

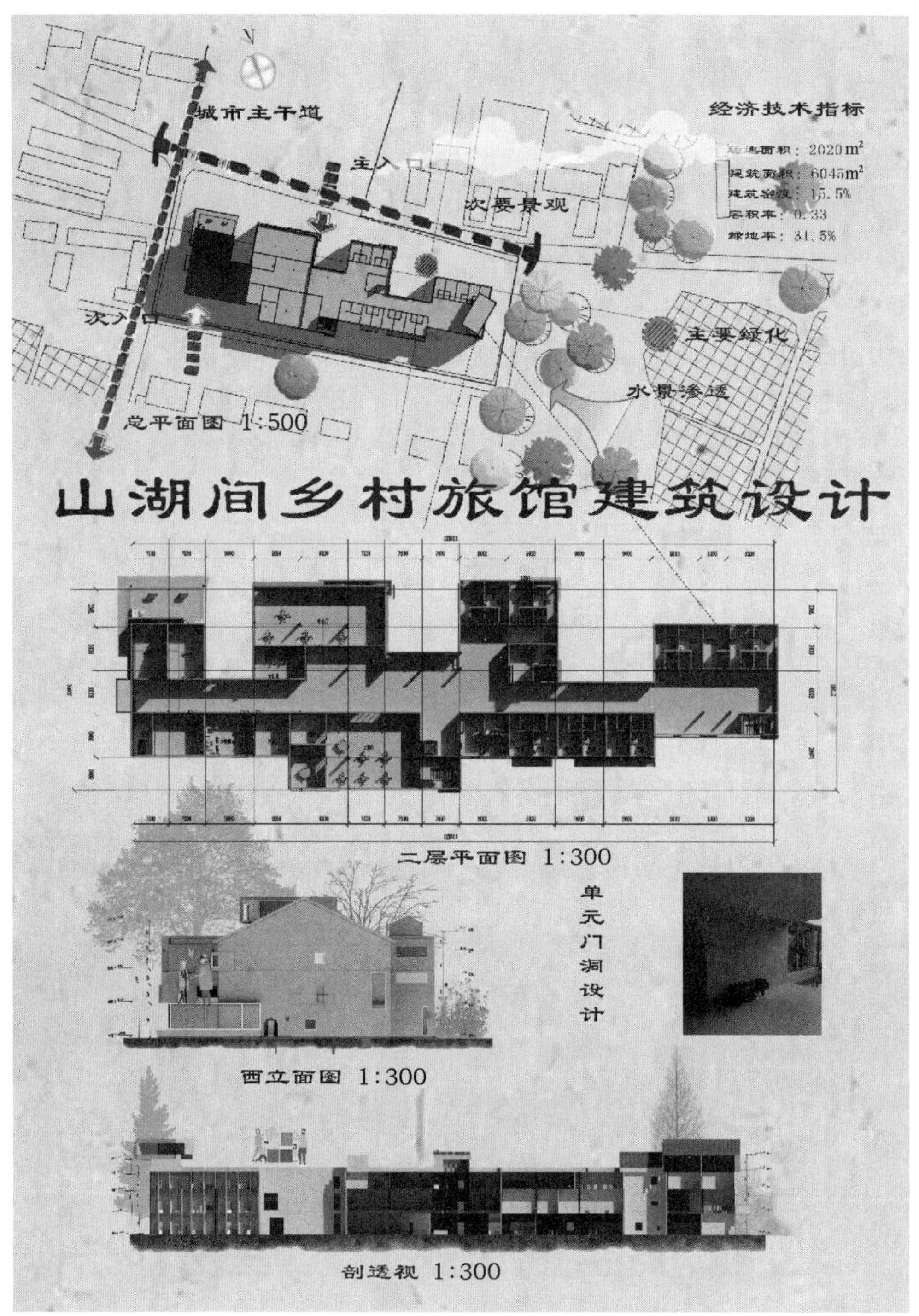
城市主干道
主入口
次要景观
次入口
主要绿化
水景渗透
总平面图 1:500
经济技术指标
用地面积：2020m²
建筑面积：6045m²
建筑密度：15.5%
容积率：0.33
绿地率：31.5%
山湖间乡村旅馆建筑设计
二层平面图 1:300
单元门洞设计
西立面图 1:300
剖透视 1:300

第四章

BIM 技术在乡镇旅馆建筑正向设计中的应用

随着经济的快速发展，建筑行业迎来新的发展机遇的同时，传统建筑设计企业也面临更多的挑战，如何突破技术壁垒，如何提升核心竞争力是传统建筑行业面临的主要挑战。在此背景下，BIM技术作为工程建设领域的一项技术创新，有助于实现建筑工程行业高效、协作、全生命周期可持续设计。

4.1 BIM技术基本概念

BIM的英文全称是Building Information Modeling，中文译为建筑信息模型或建筑信息模型化。BIM是以建筑工程项目的各项相关信息数据作为模型的基础，虚拟建立建筑模型，并通过数字信息仿真模拟建筑所有特性的一项技术，实现了建筑领域产业链设计、施工、运维的整合。

BIM不能狭义地理解为一套软件。BIM涉及各个领域，软件只是BIM的介质，其实质是搭建建筑对象的全生命周期应用平台，平台与软件相辅相成。BIM基于数字化技术的工作模式来输出几何信息和非几何信息，并可对信息进行实时更新、共享联动、动态可视、互检互查，可理解为将建筑物的各个组成部位标记上信息，它使建模有一个更系统的信息系统，而不是局限于原始的建设过程。因此，BIM应该称为综合项目信息管理系统，或项目信息模型。

2016年12月2日，住房和城乡建设部发布的《建筑信息模型应用统一标准》GB/T 51212—2016对建筑信息模型进行了定义：在建设工程及设施全生命周期内，对其物理和功能特性进行数字化表达，并依此设计、施工、运营的过程和结果的总称。标准将BIM细化为建筑信息模型、模型应用及业务流程信息管理三个既独立又相互关联的部分。

4.2 BIM主要特征

4.2.1 可视化

利用计算机图形学和图像处理技术，以三维形体来表示复杂数据的信息，这种技术就是可视化（Visualization）技术。可视化技术使人能够在三维图形世界中直接对具有形体的信息进行操作，和计算机直接交流。BIM能够将传统的抽象的二维平面以全方位三维立体模型直观表达出来，即过程的可视化。BIM的可视化是一种能够同构件之间形成互动性和反馈性的可视。可视化并不只是停留在效果图阶段，而是能够将模型中材料、构件、工程量自动统计生成表格，实现信息可视化（图4.2.1、图4.2.2）。

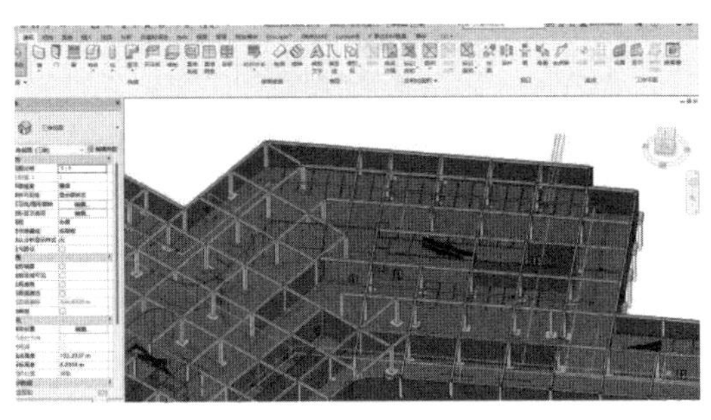

图 4.2.1 Revit 设计阶段可视化

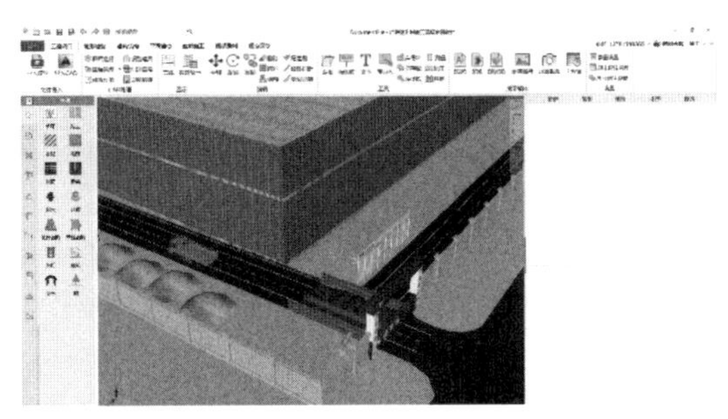

图 4.2.2 广联达 BIM 施工模拟可视化

4.2.2 动态同步

传统常使用 Auto CAD、Sketch Up、3ds max、Photoshop 等绘图软件，各个软件之间需要组合使用，并存在可视性差、便捷性差、兼容性差等问题。相比于传统软件，BIM 可以更好地整合二维平面软件与三维建模软件，在整个建筑对象建模过程中实现平面二维与立体三维尺寸数据的动态同步（表 4.2.1）。

BIM 设计与传统二维设计对比（方案设计阶段） **表 4.2.1**

	二维设计	BIM 设计
二维平面	数据独立、不对应	二维图纸数据同步、自动关联
三维建模	需要独立建模	三维模型与二维图纸同步生成
方案调整	效率低、工作量大	高效、可视化
性能模拟	需要其他软件实现	多项同步模拟
设计信息	信息独立、格式受限	同步信息流动

BIM 系统在数据之间有较强的同步性与关联性，建筑对象模型随着平立剖二维图的修改调整，实时作出相应的修改，节约时间和减少错误操作，提高设计质量与修改效率。BIM 技术还可以提前模拟施工方案，控制施工进度，提前发现问题，防止因返工而导致成本的增加和进度的延迟（图 4.2.3、图 4.2.4）。

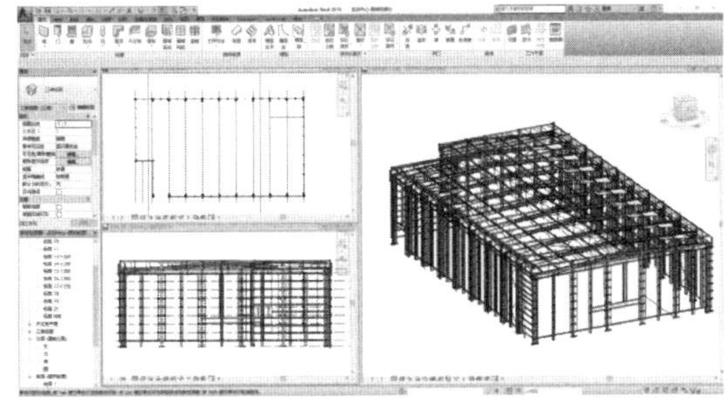

图 4.2.3 二维与三维关联同步

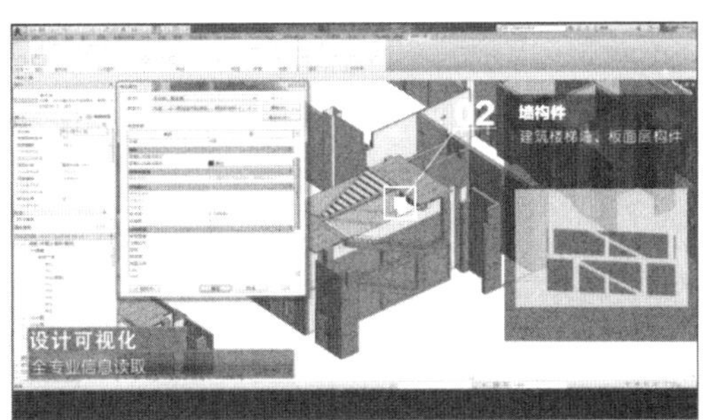

图 4.2.4 建筑构件可视化

4.2.3 信息共享

信息是 BIM 的核心，BIM 建模是 BIM 工作的核心。BIM 是各专业信息共享的载体，信息应用于建筑对象全生命周期的各个阶段。建筑对象全生命周期包括前期策划阶段、中期设计阶段、施工阶段、后期运营和维护全过程，每个阶段都需要建筑类相关专业的密切协作才能完成。BIM 改变了传统的工程设计方法、信息传递方式和工程管理模式。BIM 模型即是建立起信息共享平台，三维协同设计可使各专业项目人员在一个平台上按照同一标准完成一个设计对象，能实现各专业之间的并行设计，实现从相互独立到协同工作的转变，有利于信息有序性交流，使多学科协作更加有效，实现信息的集中管理与共享。遇到设计量大到需要分块或分项设计的情况，可以满足设计人员在同一个平台上同时解决设计的冲突和问题。

4.2.4 性能模拟

BIM 软件将众多分析软件集合于一体，其综合分析与整体提升性能可使建筑物的整体性能得到大幅提升。BIM 技术具有多项绿色建筑性能模拟功能，可以在设计阶段对设计方案内容进行模拟实验，具体包括建筑能耗模拟分析、建筑光环境分析、通风质量模拟分析、日照模拟分析、室内外热辐射模拟分析以及室内舒适度模拟分析。对设计对象各项性能进行模拟，校验设计对象的舒适度和经济性，通过多种方案的对比分析，为设计方案优化提供依据。在后期运用阶段可以模拟地震、火灾等紧急情况的逃生和疏散。

4.3 BIM 技术发展及其应用范围

4.3.1 BIM 技术发展历程

BIM 思想在 1974 至 1975 年由美国查尔斯·伊斯曼（Charles Eastman）教授提出，最初并非 BIM，而是 BDS（Building Description System，建筑描述系统），这个系统包含建筑的三维几何信息及其他基础信息，由于当时计算机技术水平的制约，BDS 未能得到进一步发展。直到 21 世纪，计算机信息技术突飞猛进，在美国 Autodesk 软件公司收购 Revit 后，BIM 开始走上真正的发展之路，BIM 技术开始在发达国家建筑工程领域逐渐得到应用。经过多年的发展，BIM 已经成为建筑行业信息化的新兴技术。

从时间维度来看，20 世纪 60 年代建筑从业者们由徒手绘图时代跨入计算机绘图时代，即 CAD 制图软件的广泛应用，CAD 技术的出现无疑是建筑业的“第一次革命”。承载建筑全周期信息的 BIM 技术出现，在电脑屏幕里的建筑实现了二维平面向三维立体的跨越。因此，BIM 技术成为建筑走向信息化发展道路的开端，BIM 的出现也成为建筑业的“第二次革命”。

4.3.2 BIM 技术在世界各国的应用

在全球化进程中，BIM 技术受到世界各国的青睐并且发展迅速，BIM 技术在未来将有更好的应用前景。

1. 国外 BIM 应用现状

（1）美国

综合比较来看，BIM 技术在美国的应用范围和技术水平均为世界前列。早在 2003 年，美国总务管理局（GSA）推出了本国 3D-4D-BIM 计划，从此美国各大设计企业、设计事务所、施工单位开始应用 BIM 技术，特别是体量大的项目必须应用 BIM。GSA 提供相应的财力资助，用于探索 BIM 的应用模式、规则、流程等一整套建筑对象全生命周期方案，并详细制定了一系列 BIM 指南。

为全力推动 BIM 在建筑工程领域的应用，美国建筑科学研究院（NIBS）2007 年发布国家 BIM 标准，系统规定了信息交换和过程开发中工具的各方定义以及数据交换要求的明细和编码；BuildingSMART 联盟提出改善建筑信息流程，降低建筑制造业能源损耗，提高产值与效益，注重节能型与经济性并行，提出 BIM 技术引导可持续发展的理念和节能、经济、环境友好型目标。同时，相关研究领域学者，逐步尝试将 BIM 技术与地理信息技术 GIS 相结合，实现三维可视化，将 BIM 技术与影像技术结合，构建数字化城市。美国各州也相应出台推进 BIM 应用的相关要求。

2012 年，美国建筑科学研究院发布了国家 BIM 标准第二版（National Building Inform Model Standard-United States Version 2）。第二版对前一版 BIM 标准进行了补充与修订，内容包括 BIM 参考标准、BIM 信息交互标准、指南和应用。

第三版 NBIMS 标准中还引入了二维 CAD 技术，扩充了信息交互、参考标准、标准实践案例和词汇表等内容。国家 BIM 标准项目委员会在第三版 BIM 标准中增加了介绍性语句和定位概述，作为提高 BIM 标准可视性的一项创新。

（2）欧洲各国

匈牙利 Graphisoft 公司在 1984 年研发了 ArchiCAD，提出以 BIM 为核心的“虚拟建筑”设计理念。

2011 年英国内阁办公室发布的《政府建设战略 2011～2015》文件中，非常重视建筑信息模型（BIM）使用标准化。为了实现这一目标，该战略设置 BIM 策略与绩效管理，更是明确了在 2016 年要求全面实现 3D-BIM，以信息化形式管理全部文件。英国建筑业 BIM 标准委员会（AEC）发布了模型、对象、构件的命名规范以及信息流动、建模步骤、三维可视化的应用标准等。政府重视制定标准来确保 BIM 全周期实现协同工作。英国建筑业也非常重视 BIM 人才的培养和 BIM 教育的推广，对新进公司的人员进行充分的软件业务培训。

作为全球主要建筑产业软件开发商，挪威、丹麦、瑞典、芬兰等是第一批使用 BIM 软件的国家。

（3）亚洲各国

亚洲各国建筑工程技术水平参差不同，相比之下，日本、韩国、新加坡等 BIM 技术的研究与应用程度较高。

在政府的推行下，BIM 技术在日本全国范围内得到广泛应用。从 2009 年开始，日本设计单位和施工企业开始应用 BIM 技术；2010 年，日本在国土交通省所管辖的各级政府投资工程项目中推进 BIM 技术。2012 年，日本建筑学会正式发布了日本 BIM 指南《日本 BIM 标准手册》，该标准由三部分组成：技术标准、业务标准和管理标准，对公司的组织、人员配置、BIM 技术的应用、模型规则、交付标准和质量控制进行了详细阐述。它为设计单位和施工企业提供了指导，使其能够从完整的建筑生命周期的实施方向上应用 BIM，进一步加速 BIM 技术在日本的发展。值得一提的是，日本在建筑信息技术方面研发成果颇丰，相关软件厂商在 IAI 日本分会的支持下，成立了 BIM 解决方案软件联盟。本土化的软件极大促进了 BIM 技术在日本的广泛应用。

韩国与日本相似。政府重视建筑行业信息化发展并制订多项 BIM 标准，为其发展提供政策支持。例如，2010 年公共采购服务中心制定了 BIM 实施指南和路线图，计划在 2010 年至 2016 年间全部公共设施项目使用 BIM 技术；同年国土交通海洋部发布了《建筑领域 BIM 应用指南》，为建筑工程行业应用 BIM 技术提供所需的必要条件及方法。韩国的一些建筑企业联合建筑类高校、科研院所共同致力于 BIM 在韩国建筑工程领域的研究和应用。2010 年 4 月，公共采购服务局（PPS）发布了《设施管理 BIM 应用指南》，解释并指导 BIM 技术在设计和施工阶段的应用，并将在两年后根据设计公司的反馈进行更新。

新加坡政府在 BIM 应用上侧重于建筑全生命周期管理系统的建设。1995 年启动的 CORENET，本质是一个监管审批的电子政务平台。它将建筑工程业务构建为新的建筑体系，实现建筑图纸的自动审图功能，极大程度节约时间和劳动成本，提高建筑的质量和生产效率。2003 年至 2004 年间逐步开发集成建筑规划系统 IBP 和集成建筑的服务系统 IBS，与 BIM 技术组合成为一体化建筑集成服务系统工程。

2. 国内 BIM 应用现状

2002 年 BIM 技术首次进入我国，建筑工程领域开始接触 BIM 相关技术软件。我国政府层面对于 BIM 的推行可分为以下几个时期：

(1)“十一五”建筑业发展规划

2009 年 5 月，BIM 进入国家科技支撑计划重点项目，中央“十一五”在《现代建筑设计与施工关键技术研究》中明确提出将深入探索 BIM 技术，以 BIM 的协同设计平台提高建筑工程行业生产质量与工作效率。

(2)“十二五”建筑业发展规划

建筑业发展“十二五”规划中，明确要求大型骨干工程设计企业基本建立协同设计、三维设计的设计集成系统，大型骨干勘查企业建立三维地层信息系统。重点推进建筑企业管理与核心业务信息化建设和专项信息技术的应用，建立涵盖设计、施工全过程的信息化标准体系，加快关键信息化标准的编制，全面提高行业信息化水平。

2011 年 5 月，住房和城乡建设部出台《2011～2015 年建筑业信息化发展纲要》提出：高度重视信息化对建筑业发展的推动作用，在“十二五”期间，基本实现建筑企业信息系统的普及应用，加快建筑信息模型（BIM）新技术在工程中的应用，促进具有自主知识产权软件的产业化，形成一批信息技术应用达到国际先进水平的建筑企业。具体目标是推进工程总承包、勘察设计和施工类企业信息化建设；加快推广专项信息技术应用；完善建筑业行业与企业信息化标准。

（3）“十三五”建筑业发展规划

建筑业发展“十三五”规划中，提出完善政产学研用协同创新机制，着力优化新技术研发和应用环境，加强关键技术研发支撑。鼓励建设、工程勘察设计、施工、构件生产和科研等单位建立产业联盟，加快推进建筑信息模型（BIM）技术在规划、工程勘察设计、施工和运营维护全过程的集成应用，支持基于具有自主知识产权三维图形平台的国产 BIM 软件的研发和推广使用。

“十三五”期间，国家层面出台一系列政策推动建筑业信息化转型。2016 年出台的《2016～2020 年建筑业信息化发展纲要》明确提出，“十三五”时期全面提高建筑业信息化水平，“互联网＋”形势下要求企业应积极探索管理、生产的新模式，深入研究 BIM、物联网等技术的创新应用，实现建筑业数字化、网络化、智能化，初步建成一体化行业信息共享、监管与服务信息化平台；应用大数据技术、云计算技术、物联网技术、3D 打印技术、智能化技术专项信息技术，加快相关信息化基础数据和通用标准的编制。

2016 年住房和城乡建设部标准定额司印发《工程造价行业“十三五”规划（征求意见稿）》，指出以 BIM 技术为基础，以企业数据库为支撑，建立工程项目造价管理信息系统。在市场准入和日常监管中实行差异化管理，信用奖惩联动形成失信联防体系；建立追责机制、成果质量检查制度和信息公开制度。

2017 年 5 月，住房和城乡建设部正式批准《建筑信息模型施工应用标准》为国家标准，并自 2018 年 1 月 1 日起实施。该标准是我国第一部建筑工程施工领域的 BIM 应用标准。

2020 年 4 月，《住房和城乡建设部工程质量安全监管司 2020 年工作要点》提出积极推进施工图审查改革，采用“互联网＋监管”手段，试点推进 BIM 数字化审图模式，促进建筑业转型升级。在绿色建造上编制完善绿色建造技术导则，开展建筑业信息化发展纲要研究工作，推动 BIM 技术在工程建设全过程的集成应用，提升建筑业信息化水平。

2020 年 8 月，住房和城乡建设部、教育部、科技部、工业和信息化部等部门联合印发《关于加快新型建筑工业化发展的若干意见》。其中指出大力推广建筑信息模型（BIM）技术，加快 BIM 技术在新型建筑工业化全生命周期的集成应用。充分利用社会资源，共同建立和维护标准化部件基础信息库，实现设计、采购、生产、建设、交付、运维等各个环节的信息互联互通和互动共享。开展 BIM 应用审批模式和施工图 BIM 审查模式试点，推进与城市信息模型（CIM）平台的集成联动，提高信息化监管能力，提高建筑业全产业链资源配置效率。

（4）“十四五”建筑业发展规划

建筑业发展“十四五”规划中，提出加快推进建筑信息模型（BIM）技术在工程全寿命期的集成应用，健全数据交互和安全标准，强化设计、生产、施工各环节数字化协同，推动工程建设全过程数字化成果交付和应用。在 2025 年基本形成自主可控 BIM 软件研发，完善 BIM 标准体系，建立企业 BIM 云服务平台，建立 BIM 区域管理体系和开展

BIM 报建审批试点的技术框架与标准体系。

BIM 研究所、行业协会、设计企业以及施工单位相继对 BIM 进行开发和应用。例如，上海中心大厦 BIM 技术贯穿前期策划、方案设计、施工和运营的全过程，整个工程建设中，BIM 提供了精确计算、思维建模、变更控制、成本控制等多个方面的价值。BIM 在 2022 年北京冬奥会的重要配套工程“冰立方”（水立方冰上运动中心）项目中发挥了重要作用，BIM 技术对机电管线、结构主体、建筑主体、基坑土方开挖、技术方案交底等进行三维施工模拟，实现了机电与结构的合理排布和方案优化，提高了工程施工、管理效率等。

综上，BIM 技术已经在欧美等发达国家引起一场建筑行业的巨大变革，从无数的成功案例，可以看到 BIM 技术的价值和优势。相对而言，我国 BIM 技术研究与实践应用发展迅速，但是 BIM 技术应用水平相对较低，整体上仍处于起步阶段。

4.4 建筑类课程设计 BIM 应用意义

随着建筑信息化的迅猛发展，建筑行业市场对 BIM 技术人才需求也将越来越大。BIM 技术人才不仅仅要求掌握基本的 BIM 操作和建模能力，而且要求具备参与建筑全生命周期的基本工程能力、技术技能、管理协调综合应用能力。

高校是 BIM 人才培养教育的初级阶段。随着高校 BIM 专业建设及专业人才培养方案的完善，BIM 基础课程已经加入建筑学本科阶段培养体系中，如开设 BIM 选修课、组织参加 BIM 设计类大赛、成立 BIM 研究所及社团等。

在建筑类专业本科培养时期，学生主要处于方案设计阶段。在建筑全生命周期中，方案设计阶段是一个至关重要的阶段。结合 BIM 技术特点在学生课程中应用，可形成师生交流互动平台，有效避免传统填鸭式教育；学生在整个过程中应用 BIM 信息技术，可提高方案设计效率和质量。

BIM 技术在建筑类课程设计中的应用意义，主要体现在如下几个方面：

4.4.1 学生与计算机动态互动

在教学过程中引入 BIM，Revit 软件用于建筑设计各个阶段，对于建筑类专业学生来说操作难度低，更加容易上手。在 Revit 中能够实现虚拟漫游、仿真模拟，以人视角度推敲各个空间，加强学生与计算机的互动性，使学生以简单的方法操作复杂的建筑设计。可视化与设计保持一致，可以直观、清楚地帮助学生推敲和修改自己的方案，对于教师可以在学生课程设计的初期、中期、后期直观全面地掌握学生的设计方案，发现学生设计中隐形的错误，及时做出针对性的更正和指导（图 4.4.1、图 4.4.2）。

4.4.2 图纸数据实时同步

BIM 软件的数据保存是面向单个组件的，可以很容易地过滤和快速提取，甚至可以在不同的阶段添加信息，使信息得到实时更新与同步，这是传统设计过程中无法做到的。信息的广泛性和完整性超出了传统设计过程。

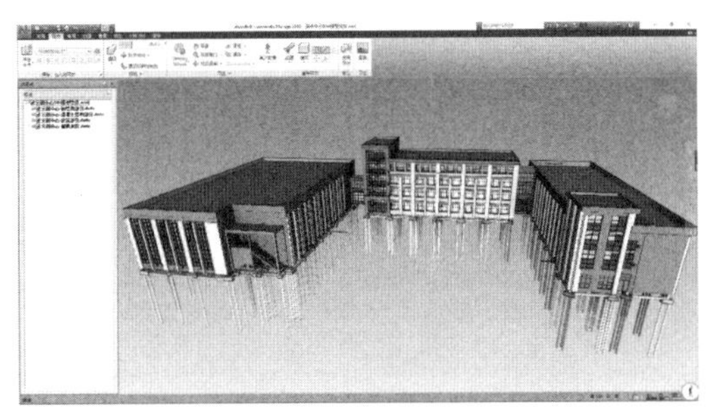

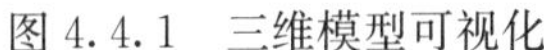

图 4.4.1　三维模型可视化

图 4.4.2　三维模型虚拟漫游

这一特点在学生培养阶段具有很大优势。这一阶段是建筑早期设计阶段，是频繁修改方案的阶段，需要软件具有一定的灵活性，并且具有多建模平台相互搭接的能力。在教学实践中发现学生制图整体性差，经常出现二维平面与立体模型不对应的情况，Revit 软件中的平立剖图和立体模型的同步性能够有效避免此类问题，在二维设计的同时，立即以三维模型的形式直观地展现出来，学生可在二维平面与三维立体模型上反复推敲修改方案。而在传统二维设计中如果出现错误，就需要在多个软件、多张图纸和模型中逐个进行修改（图 4.4.3）。

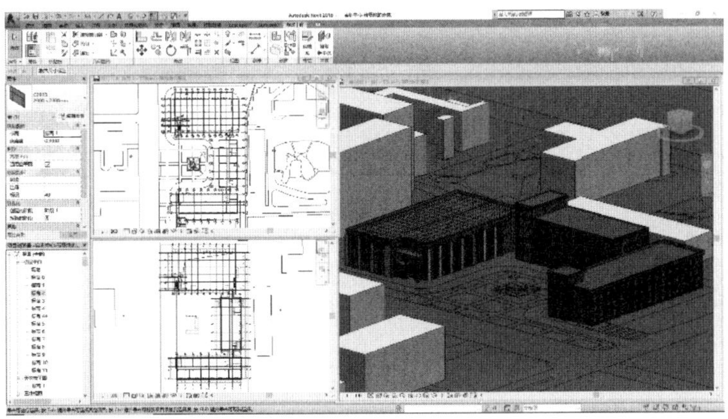

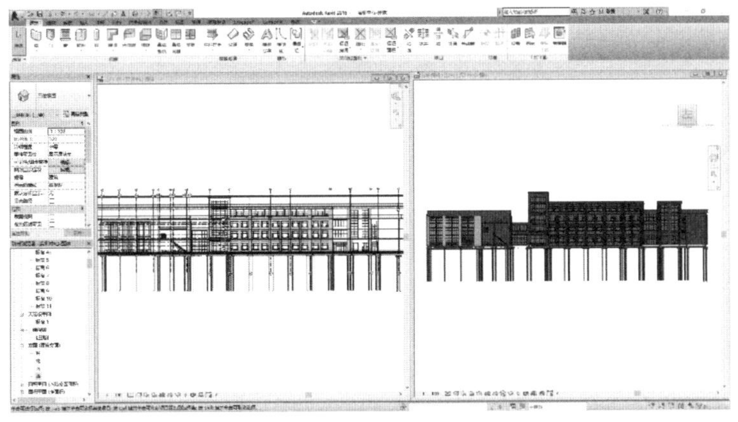

图 4.4.3　Revit 平立剖面图与立体模型实时同步（一）

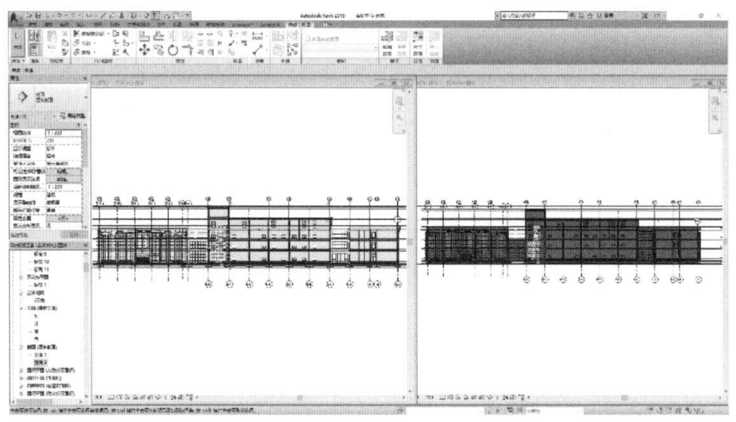

图 4.4.3 Revit 平立剖面图与立体模型实时同步（二）

4.4.3 方案多项模拟分析

在教学实践过程中发现，学生偏重于方案功能、方案构思设计而忽视建筑对象的经济性和舒适度等因素，未能体现出设计以人为本的理念。通过 BIM 性能模拟可促进学生进行多个方案对比，在此基础上进行外观、功能、性能等多方面初步分析，从中确定最优方案或在最优设计方案的基础上进一步调整。BIM 提供多项功能和性能的分析及模拟，学生能够根据多方面的定量分析和模拟数据报告对方案进行反复推敲，修改建筑设计方案达到最优（图 4.4.4～图 4.4.6）。

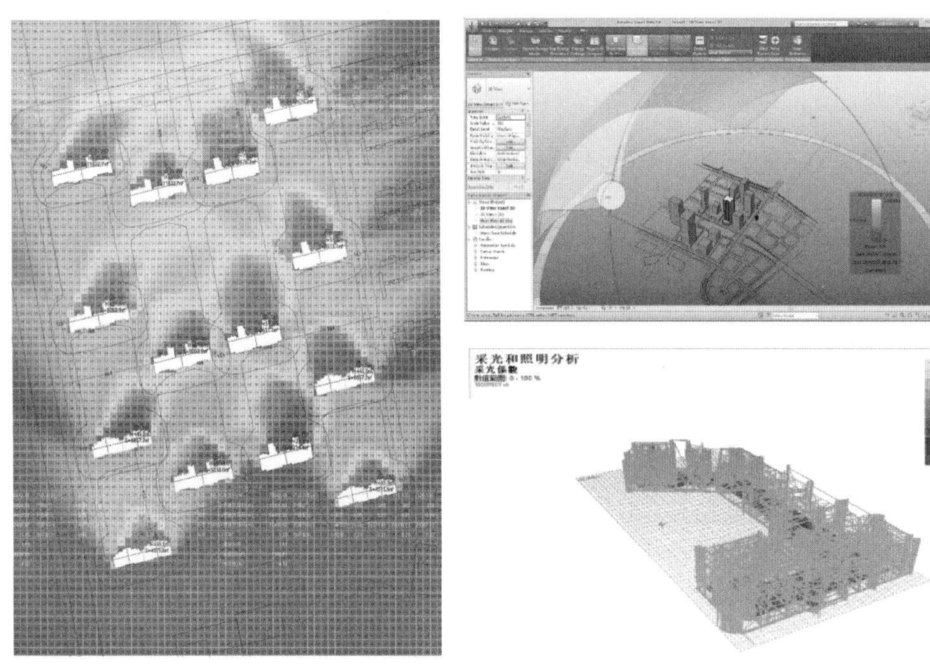

图 4.4.4 采光和日照的模拟

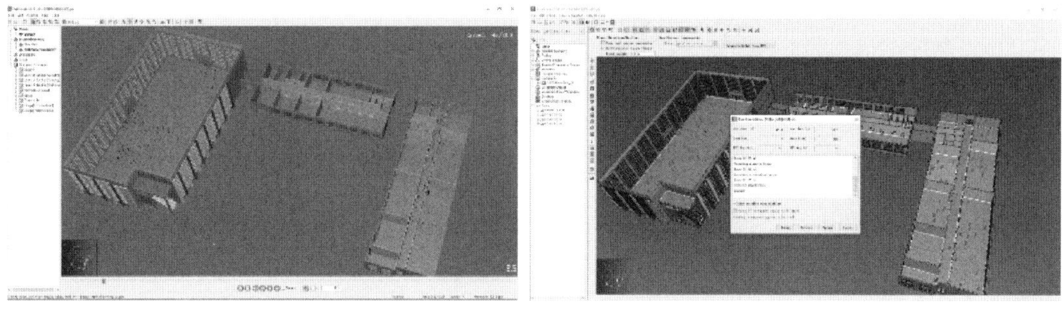

图 4.4.5　Pathfinder 数字仿真疏散模拟分析

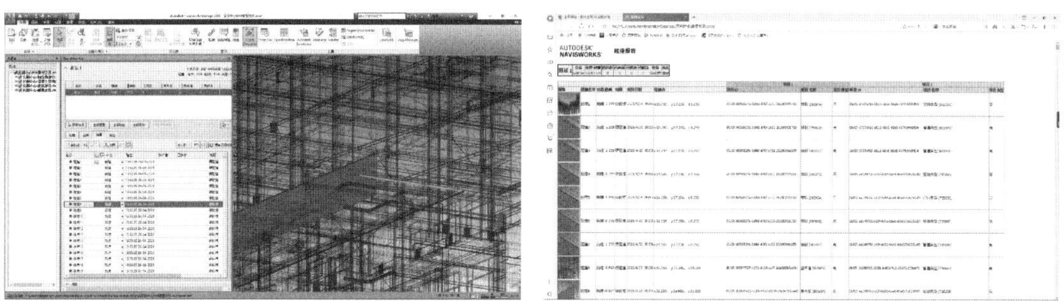

图 4.4.6　Navisworks 各专业碰撞检测

4.4.4　培养学生协同办公意识

以 BIM 作为技术基础的三维协同设计，能够实现各专业并行设计，做到数据信息统一、规范统一、项目统一，大幅提升设计综合效率。建筑类专业学生本科培养过程基本处于前期策划与设计阶段，在课程设计中应用 BIM 建模可以让学生对于建筑全生命周期的各个阶段有初步的认知，学生有机会接触并可以选择性学习包括建筑、结构、水暖电各专业相关知识，拓宽自身专业技能维度，培养建筑与其他各专业协同能力、设计沟通能力，为学生在今后工作实践中与各专业协同办公打下良好基础。

传统的方案设计习惯基本是先从平面功能出发，然后结合教师批改平面草图，在 CAD 中绘制二维平面、立面、剖面图，最后建立三维模型。本科生专业课程培养基本上停留在这一阶段。这里存在一个弊端，建筑空间的设计往往被忽视。学生和教师花费大部分时间和精力，关注建筑平面功能的对与错和形态的丑与美。在 Revit 软件中，建筑室内外空间、建筑材质、平面功能布局均可整合成一个相互关联的逻辑系统，师生有更多的时间和精力去研究和推敲空间，实现设计方案阶段从形式与功能相分离到整体化的空间设计的转变。

4.5 BIM 技术正向设计

4.5.1 BIM 正向设计理论

正向设计的定义是以系统工程理论、方法和过程模型为指导，面向复杂产品和系统的改进改型、技术研发和原创设计等，以提升自主创新能力和设计制造一体化能力。正向设计概念最早来源于数字集成电路研究领域，随着 BIM 技术的应用和发展，在建筑行业领域渐渐出现正向设计概念。

建筑行业正向设计理念体现在建筑设计师对项目模型参数化设计，在此基础上完成项目前期策划、方案设计、初步设计和施工图设计优化过程，整个过程各专业基于同一模型完成协同设计并能自动创建施工图纸，二维图纸还能和模型实现实时匹配关联。相比于以二维平面为基础的二次建模的逆向设计这个从“有”到“优”过程，我们可以看出，正向设计是从“无”直接到“优”的过程。在信息化快速发展的大背景下，建筑设计信息化将会是建筑业数字化转型趋势所在。

由于设计工具和技术的限制，传统的二维设计限制了设计师的创造力和生产力。设计师的大部分精力都花在起草和修改图纸上，而不是优化设计和创造空间。BIM 正向设计将设计师主体置于三维信息化平台上，为设计师自由表达设计构思提供条件，基于计算机的参数化功能提高流程效率，节约时间和劳动成本，而降低在图纸和表达上的精力，使设计师将更多精力和时间放在设计本身，从而实现对生产力的解放。

4.5.2 BIM 正向设计在教学中的意义

在建筑类本科培养期间，学生从二年级手绘阶段过渡到计算机绘图阶段，学生对于软件操作基础随着年级增长和课程设计的推进而不断得到夯实。结合专业人才培养方向将 BIM 正向设计思维应用到本科培养阶段，着力于 BIM 课程的开发与实施，在教学环节中融入 BIM 设计，把传统的教理论教软件与实际操作和真实的工程案例有机结合，使 BIM 正向设计思维贯穿于整个人才培养阶段，激发学生设计创造力，培养学生软件应用能力和正向设计思维。

对于应用型高校而言，找准人才的应用性、操作性、技术性培养目标定位，结合专业人才培养方向和核心业务能力进行 BIM 技术应用能力的培养。如何开展 BIM 运用实践，如何将 BIM 正向设计技术与传统设计类课程有机融合，将成为 BIM 教学首要的问题。

4.6 BIM 技术及 BIM 平台在方案设计中的正向设计

4.6.1 BIM 技术在方案设计中的正向设计

在对设计场地进行基本分析之后，建筑师需要对设计任务书中的总建筑面积、功能要求、施工方法、可行性分析等进行详细分析，以阐明建筑计划和设计的基本结构设计。包括计划的基本合理布局，规模关系模型，工业基地中工程建筑的方向、结构形式、功能分区、室内空间质量，与工业基地自然环境的关系以及对工程的解释、当地的文化和艺术。

在执行了定义的比例设计计划并弄清基本结构形式之后，建筑师需要根据项目任务说明书的规定制定精简的平面图设计计划，并为室内空间和建筑材料开发详细的组织。精简是建筑规划和设计的框架。它将每个功能模块有机联系在一起，包括水平流线系统软件和垂直流线系统软件。在简化交通流线的基础上，建筑师展示了室内空间每个功能的组织逻辑，从而使每个人都对项目的整体建设有更直观的体验。

为了改进数据模型，建筑师必须考虑建筑规划和设计计划如何反映当地人文风俗，以及如何对周围自然环境积极响应。针对此问题的决策可能会影响建设成本、建设利用率、建设复杂性、新项目交付时间和其他，这对于所有项目建设都特别重要。

使用比例尺实体模型，可以根据比例尺实体模型自动创建基本的建筑材料，例如混凝土地板、墙壁、建筑幕墙和屋顶，并快速执行设计计划，例如找平、架设和建模；生成可以反映设计计划概念的详细设计概念计划，用于建筑师与社区所有者之间的交流。在此链接中，建筑师通常会提出一些设计概念计划，供社区所有者进行比较和选择。

4.6.2 BIM 平台在方案设计中的正向设计

BIM 相关的软件平台近些年快速发展，大量软件在设计市场上涌现，这些软件功能强大，具有详细的应用分类，并且围绕 BIM 核心建模软件还有大量的相关分析软件。这些软件主要包括方案设计软件、深化设计软件、工程管理软件、耦合分析软件（图 4.6.1）。

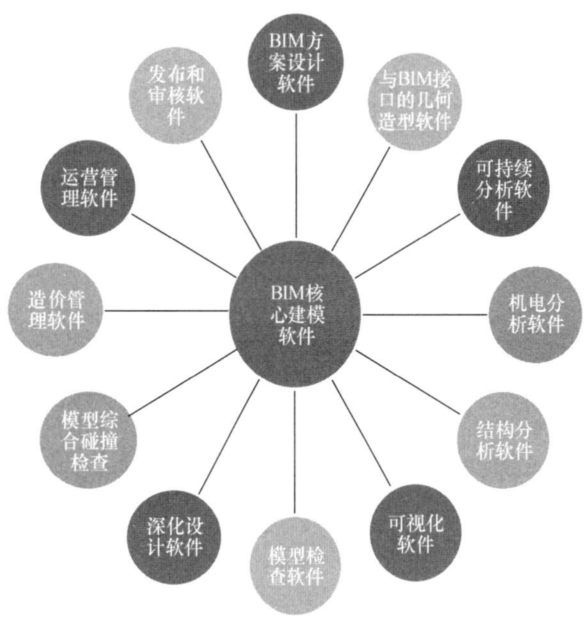

图 4.6.1 BIM 核心建模软件

基于BIM的建筑方案设计软件面向早期的设计阶段，该阶段是设计师生成设计、频繁修改方案的阶段，需要相关软件具有一定的灵活性，并且具有多建模平台相互搭接的能力。在深化设计方面，BIM类软件具有天然的优势，BIM深化设计软件能够精确高效地处理、储存、输送图元信息，方便修改和输出2D图形。工程管理类软件包含发布和审核软件、运营管理软件、造价管理软件，这类软件能够高效地组织项目现有图纸及其相关数据，做到精确管理、科学管理。耦合分析软件是基于BIM综合平台之上而衍生的分析功能模块。实际上，耦合分析并不是BIM软件的专利，早在BIM技术出现之前，各类结构分析软件、性能分析软件已具备完整的分析能力，虽然这些分析软件具备一定的建模能力，但与BIM强大的信息建模技术相比，性能分析软件越来越成为BIM技术下的集成软件。BIM软件将众多分析软件集成为一体，综合分析与整体提升，使得建筑物的整体性能得到大幅提升。

4.6.3 乡镇旅馆与BIM设计

1. 设计阶段

BIM技术主要集中在设计阶段。BIM技术使设计过程更加直观、高效。各种仿真结果为建筑设计提供了支持。在早期的设计中，BIM技术需要投入更多的时间和资源，但下一步的修改工作可以大大减少。与传统的二维设计相比，BIM技术在可视化、协调性和仿真性方面具有许多优势。

乡镇旅馆设计包括客房部分、公共部分、餐厅部分、后勤部分，其中公共部分和餐厅部分功能复杂，BIM可以满足建筑设计功能要求，并注重实用性、审美性和经济性。BIM允许生态、环保、节能等方面的持续性技术优化，还可用于检查旅馆机电管道在建筑物内的碰撞。在结构方面，BIM的旅馆结构模型可看到三维空间，可持续性分析可用于检查檐口阴影和窗帘之间的关系。BIM技术下的风环境分析能够使用多种三维格式源模型。

2. 建设运营阶段

BIM可以完成建筑和运营阶段的各种相关工作。与建筑工程相关的有用信息可以从建筑信息模型中获取，同时将相应的信息反馈给模型工程。

在乡镇旅馆建设和运营阶段，BIM技术的优势体现在可视化、协调性和仿真性上。各专业最重要的组成部分信息在图纸中表示为二维设计。BIM技术的协调能在建筑施工前发现专业碰撞问题并生成日期。在运行阶段，BIM技术可以模拟无法在现实世界中执行的案例，例如旅馆内的人员疏散。

4.7 BIM技术在乡镇旅馆建筑设计中的具体应用

4.7.1 基于BIM技术的建筑方案设计工作流

1. 传统建筑方案设计工作流

CAD是二维矢量的绘制软件，其二维绘制的功能十分强大，20世纪90年代在国内应用于建筑设计领域，当时国内的建筑设计从业人员大部分都是通过手工绘制、图板作业的方式完成图纸。方案过程中，先是建筑设计师进行草图构思，确定设计方向，通过第一轮草图、第二轮二草图、第三轮草图的反复修改，直到所有设计节点与细节确定后才正式绘图。手工绘制带来的最大问题就在于修改不方便，这对建筑设计师的工作态度和细致程度要求很高。

在建筑师进行总平面、各层平面、立面剖面、效果图的手工绘制过程中，可以发现，立面剖面是在各层平面完成的基础上，推过几何推导和空间预判下绘制出来的，这要求建筑师在绘制平面的同时就得有空间意识，考虑未来建成后的空间感受（图 4.7.1）。

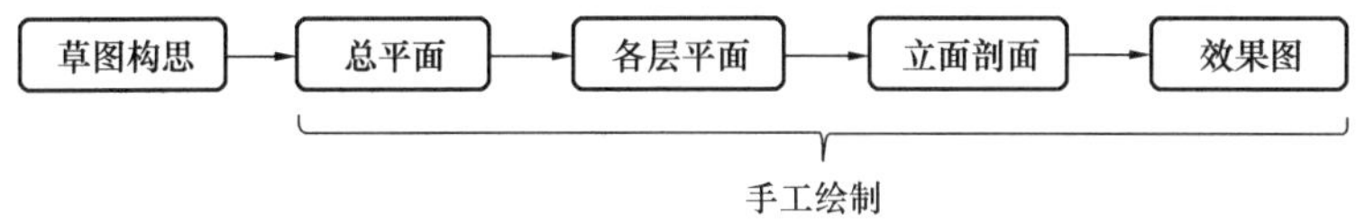

图 4.7.1　传统建筑方案设计工作流

SketchUp 中文名为草图大师，作为一款三维绘图软件，它可以快速、轻松地创建，检查和修改。它是用于设计概念和表达的特殊工具，在表面上非常简单，但实际上却具有令人惊讶的强大效果。草图大师给建筑设计带来的最直观改变在于，三维显示的直观性，能让建筑师在设计最开始的时候便有最直观的感受，而不是等建筑建成之后。草图大师，可以将传统手稿的草图思考和现代数字技术的速度与可扩展性实现融合（图 4.7.2）。

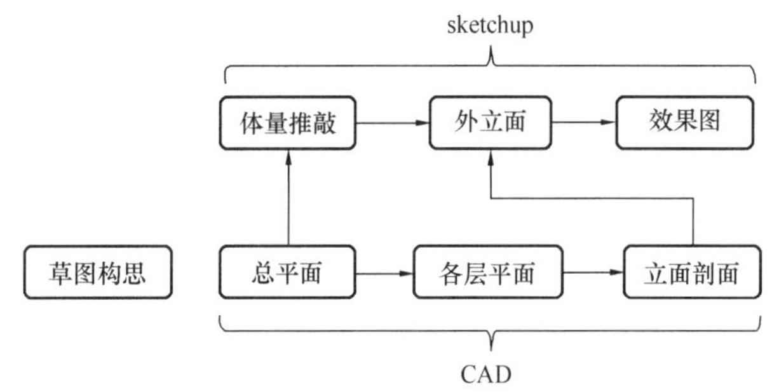

图 4.7.2　传统建筑方案三维设计工作流

2. 基于 BIM 技术的建筑方案设计框架

建筑设计的思维就是根据建筑师挖掘的前期设计问题，用建筑设计的手段去解决问题。工具应用的思维引导着设计框架的转变，设计框架的转变反过来也会适应和调整设计思维的创新。

Autodesk Revit 的软件应用逻辑本质上是与建筑设计师的设计逻辑相悖的。Revit是一款非常庞大、缜密、全面的 BIM 工具，像一台非常复杂且精密设计的仪器，拥有大量的按钮控制着整个庞大的机体运行，但它的构成思维是典型的“程序员思维”，即定向思维和全局思维。

BIM 的设计框架需要整合建筑设计师的思维和电脑程序员的思维，能用计算机去做的事情坚决不让人动手，建筑师要专注于如何搭建模型，如何把正确、有效信息传递给模型，让模型自动去完成平面技术图纸的绘制：图纸只是设计的表达而不等同于设计（图 4.7.3）。

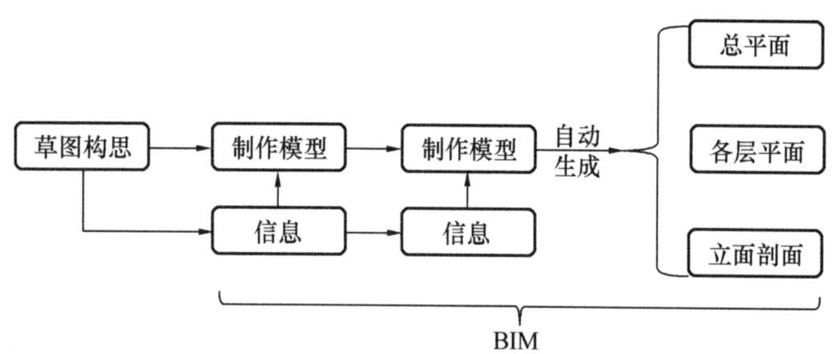

图 4.7.3 基于 BIM 技术的建筑方案三维设计工作流

3. 基于 BIM 技术的建筑方案设计应用平台

Dynamo 是 Autodesk 公司推出的一款可视化编程软件，为用户提供文本形式的图形界面，组织并连接预先设计的节点以表达数据处理逻辑，形成可执行程序。由于 Dynamo 和 Revit 之间存在实时关联，因此不需要繁琐的格式互连，并且对于复杂的工程，参数化建模设计、数据通信、工程过程自动化和其他功能具有良好的可处理性。同时，它是免费和开源的。

4.7.2 基于 BIM 技术的体量设计

1. 前置条件

不同的建筑类型有不同的建筑属性，不同建筑属性对应不同的建筑功能，不同的建筑功能有不同的体量组成。体量设计是最简单、直观的切入设计要点的方法。为了很好地切入设计，首先需将建筑大体区分成若干功能体量。

乡镇旅馆主要分为客房部分、公共部分、餐厅部分和后勤部分，对应可将功能体量大致划分为四大体量：客房体量、公共体量、餐厅体量、后勤体量以及连接各个体量的通道体量。整体的后续设计将依照这四部分体量设计的基础深化。

BIM 正向设计的第一个步骤“生成”是整个设计流程的关键所在，也是设计基础。体量的生成首选需要对生成本身制定规则，定义算法，设定评估机制。而这些部分主要依据的是建筑设计任务书反映的设计核心要点以及《旅馆建筑设计规范》JGJ 62—2014 对设计的整体要求。

乡镇旅馆设计的体量类型较为简单，且位置关系的组合也比较明确，核心问题在于，跟乡村建筑的联系、对外交通组织是否合理正确，体量感受对乡镇是否友好等。这个问题可以在 BIM 正向设计过程中快速得到多个参考结果，但同时要求设计师通过逻辑性推导与审美经验去做主观能动性判断。

2. 体量生成

将体量模型赋予模型参数，根据乡镇旅馆的功能进行体量划分，分别对客房体量、公共体量、餐厅体量和后勤体量建立模型，并输入体量参数：体量的高度、体量的基底面积、表面积、长短边的长度。根据功能划分后单个体量都具有相同类型的参数类型，这一步是后续步骤的基础（图 4.7.4）。

在前期的主要参数会用一个简单的矩形块去代替复杂的体量模型，参数的类型设定同

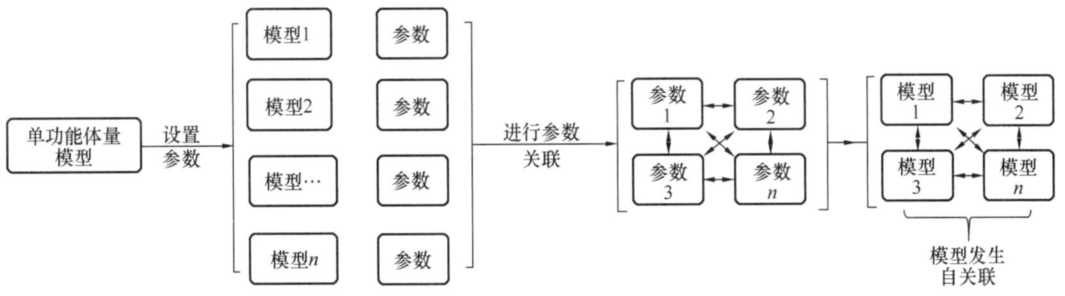

图 4.7.4　基于 BIM 技术的体量设计工作流

时也比较简单和直观。在体量中，定义矩形块的长边长度为 L_1、短边长度为 W_1、高度为 H_1、底面积为 $S_{底}$、体量为 $S_{表}$、体积为 V，而具体的数值是通过 Dynamo 的电池组模块的滑动拨杆手动调节的。更为重要的是，在 Revit 当中，前期方案设计过程可以以这个体量附着建筑的详细信息，如墙、地面材料及其构造做法，即时计算并显示这个体量的造价估算（图 4.7.5）。

每个单一的体量参数化设置完成后，根据自己的设计理念及各个功能之间的关系，针对每个体量和位置关系进行组合。

3. 体量细化

体量细化的工作是体量生成工作的补充与完备。从整个功能体量条件的输入过程和结果看，如对旅馆整体的体量划分仅仅是客房体量、公共体量、餐厅体量和后勤体量四大部分，需要结合设计任务书的具体功能分区将大体量进一步分级与分类，并且同样用“参数＋模型”的方式进行呈现。不同的是，次一级子功能体量模型的参数设定不需要那么全面。

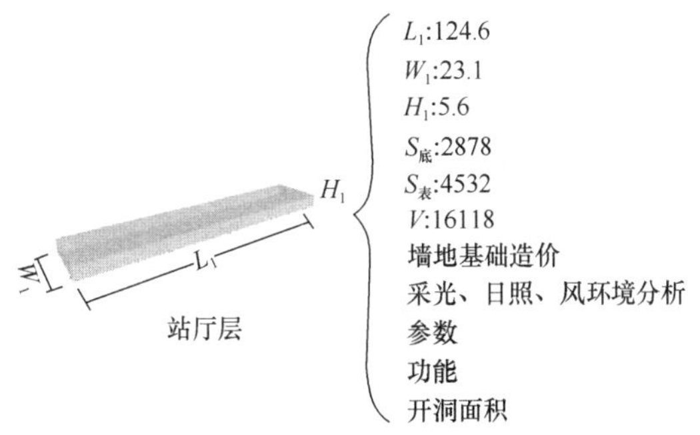

图 4.7.5　体量信息

体量的一级划分往往包含体量的二级划分，建筑规模越大，功能越复杂，体量划分的层级就越多，也会出现并列层级的关系。一级划分后的体量需要设置的参数与二级划分后的体量设置的参数有所不同，偏重点也不同。旅馆的一级体量的参数设定主要包含体量的尺寸长短、面积大小、位置关系、材质构造等多方面参数，因为体量一级划分要解决的问题是对周围环境影响的直观感受的呈现，是对大的功能分区组合的基本判定。但是体量二级划分主要是解决细化功能排布的事情，并检验一级体量的划分与排布在向下推导过程中是否有不合理的地方，是否存在与后续设计冲突矛盾的地方。在旅馆的设计当中，二级体量的划分已经到了房间尺度，例如一个客房，单个房间的尺寸面积仅为 $30m^2$，从功能和空间的维度上来说，已无须再做次级划分（如图 4.7.6）。

功能体量的细化过程是整个 BIM 生成设计承上启下的过程：承上是要对一级体量的划分与生成的成果进行检验与优化，启下是要为平面生成提供设计基础，支持空间数据。

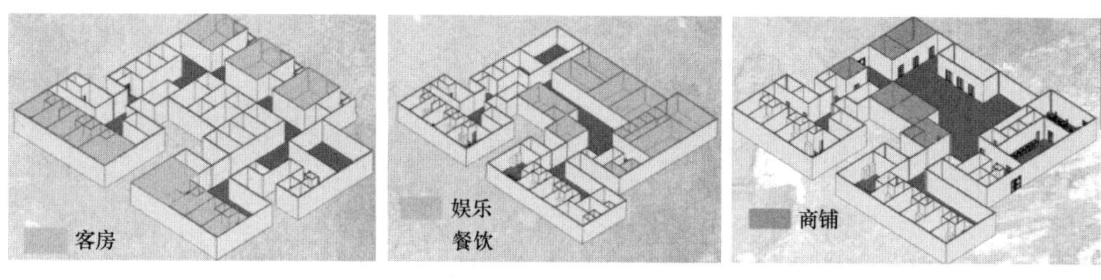

图 4.7.6 体量分析（图片来源：学生绘制）

4.7.3 基于 BIM 技术的平面布置

在 BIM 生成设计过程中，建筑的平面布置指的并不是建筑平面图的绘制，而是指通过明确设计目标，确定每个房间的功能属性、空间属性、形态特征等条件，在遵循设计规范的基础上合理准确地推导出符合设计目标的平面排布组合方式。就目前的 BIM 技术而言，还不能做到一蹴而就地完成整体的、标准的平面图绘制，但可以为整体的平面布置提供大量的设计依据，辅助建筑设计师在前期作出正确的选择。

1. 前置条件

首先要明确设计目标。在乡镇旅馆建筑的设计当中，要保证功能设置合理，人流组织合理。平面图设计的第一步就是要完成以上的基础要求。其次要严格遵循《旅馆建筑设计规范》JGJ 62—2014 及设计任务书的明确要求，确定功能房间的面积及位置。最后是将已经明确的房间参数，通过建立参数关联，从而自动将其房间模型（包含平面）进行关联设定。这是 BIM 平台最关键也是要求最高的步骤，是解决 BIM 正向设计的核心问题(图 4.7.7)。

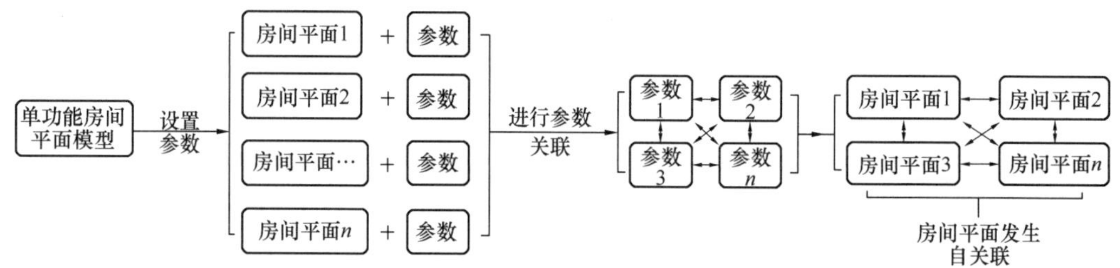

图 4.7.7 基于 BIM 技术的平面设计工作流

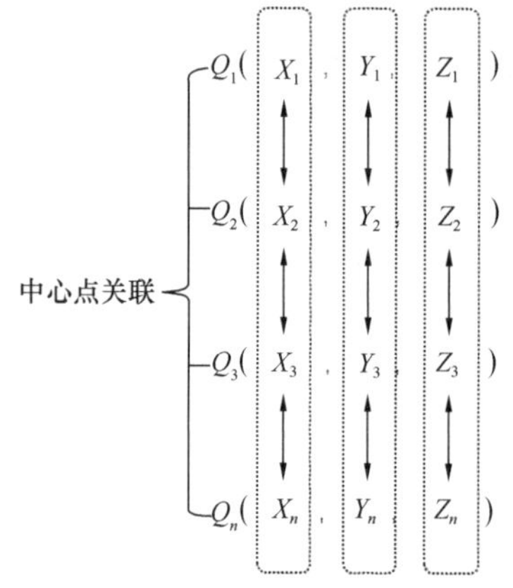

图 4.7.8 房间体量关联关系

平面布置设计条件的输入对后续的模型生成过程至关重要。由于乡镇旅馆建筑本身的功能体量和功能类型并不是很多，所以其模型的参数化与模型的参数关联也较为容易设置，尤其是在进行二级划分后，基本上是单个房间，所以再根据图 4.7.8 所示的模型参数关联进行设置。

2. 平面生成

输入条件有建筑的体量方案。建筑平面的规划与布置等可以理解为是在体量方案的基础上作细分设计。体量设计本身对外要考虑外部环境要素、建筑视觉效果等，对内要进行体量划分、细分功能。在此步骤中就要直接用到体量细分后的参数模型。而这些细分的参数化模型的体量就是建筑体量的总和。

在细部的体量之后进行大的建筑分区，同时要结合功能气泡图，将乡镇旅馆的概念性功能气泡图转换到 BIM 平台，将每个功能空间的名称以及面积大小都提前在 Revit Dynamo 上定义好。设置好了室内每个空间的功能以及每个空间的室内面积之后，便可以将它们的关系按照设计师预想的关系进行连接。这一步骤就构建了所有功能房间的使用联系和相对位置关系。

在 BIM 平台上，我们通过任意两个空间功能联系强的、需要贴邻布置的房间进行参数链接，使之发生联动效应。其他所有房间依照此方法，全部链接起来，这一步骤就是完成了第一步“数据的输入”。

在所有的平面体块模型建立之后，接下来设定整体的平面排布所需要的限制条件，主要考虑因素有二：一是整个平面的外部轮廓限制线接收器——接受场地范围，二是该平面的出入口位置。该部分操作需要将整体的数据通过新的编程组件 Magnet 设定，首先在操作面板中进行设置，然后将其拾取进 Magnet 的参数组件中，最后开始运行整体运算器，把任意 RoomInstance 电池接入 HouseInstance，便可以在软件的显示界面看到功能体块的智能生成。

在参数化设定面板的界面中每刷新一次，显示界面窗口就会产生一次新的布局方案。在生成的平面布局当中，建筑物中的每个房间都可以从其他房间访问。这意味着整个信息、数据、参数的结构是相互联系的，从而形成了以构建“房间中心点位置关系”为核心的关联体系。

3. 平面细化

这里的平面细化是指建筑师根据平面生成后的结果，人工绘制各层平面图与其他类型建筑图纸。与 Auto CAD 的平面细化流程不一样的地方在于，BIM 流程深化还是在模型当中进行（图 4.7.9）。

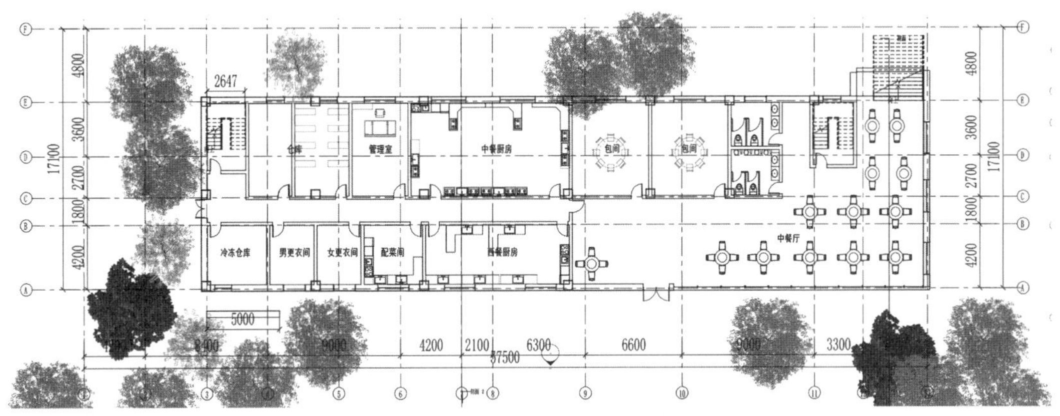

图 4.7.9　平面生成图（图片来源：学生绘制）

整体体量继续深化，通过建立结构模型，添加房间门窗、电梯、扶梯等建筑构件并添加材质材料和构造做法等，便可得到最终成果。在整体的模型制作完成后，图纸可以根据设计师的主观意愿通过 Revit 自动生成各层平面图纸、剖面图纸等其他技术节点图纸。

4.7.4 基于 BIM 技术的形态设计

1. 前置条件

建筑的基础体量是通过建筑表皮的形态去表现的。建筑体量是建筑表皮的“骨架”与“肉身”，再好看的“表皮”如果没有一个合适的骨架去做支撑，也是没有意义的。现在建筑师需要做的就是给其穿上美丽的“嫁衣”。整个形态设计将在 BIM 平台 Rhino 软件中完成。

2. 形态细化

在建筑形态设计方面，需要各个软件间的交互。需要注意的是，BIM 平台间互相导入导出过程中，最容易丢掉的不是材质信息而是位置关系。不同建筑部分的材质信息，例如在 Rhino 导入 Revit 过程中，记录好原模型位置，导入 Revit 后，新的建筑表皮与原体量模型可高精度地契合在一起。在整体模型深化完毕之后，通过立面工具可以很快地导出建筑的立面图，且在立面图的操作界面可以对立面图进行网格划分、材质填充等深化设计（图 4.7.10）。

图 4.7.10 形态展示（图片来源：学生绘制）

4.7.5 基于 VR 技术的效果呈现

三维渲染图同施工图纸一样，都是建筑方案设计阶段的重要成果，既可以向业主展示建筑设计的仿真效果，也可以供团队交流、讨论使用，同时三维渲染图也是建筑方案设计阶段需要交付的重要成果之一。

Revit 软件自带的渲染引擎，可以生成建筑模型各角度的渲染图，同时 Revit 软件具有 3DS Max、Lumion 等软件的软件接口，支持三维模型导出。Revit 软件的渲染步骤与目前建筑师常用的渲染软件大致相同，分别为创建三维视图、配景设置、设置材质的渲染外观、设置照明条件、渲染参数设置、渲染并保存图像。

随着 VR 技术的逐步发展，BIM 辅以 VR 技术能让设计过程与成果从二维图像转向三维空间，把仿真模型中各项数据转为真实的模拟场景，使设计者参与真实场景中进行设计。现在有很多虚拟现实平台，比如 Fuzor、广联达 BIM 等，均能与 Revit 等建模软件实时双向同步，在 2D、3D 和 VR 模式下查看模型。因此这些平台可衔接 BIM 与 VR 技术，构筑 BIM＋VR 的平台。在实际运用过程中发现，BIM 与 VR 的结合比传统二维的设计方式更具有直观性、协同性以及互动性，具有多个优势：令设计者接受信息的方式从被动转化为主动，空间体验更加清晰深刻，小组可多人协同设计。在 BIM 建筑设计教学过程中，VR 不仅能够提高学生使用 BIM 的能力，同时对设计教学有着优化与促进作用，Fuzor 等平台使得两者可无缝衔接，BIM＋VR 平台可成为教学的一种新方式。

4.8　建筑性能分析在乡镇旅馆设计中的应用

BIM 技术是提高城乡建设信息化水平、推进智慧城市建设的基础性技术。建筑物的采光效果、保温性能、通风情况、噪声影响等，在建筑物实际建造出来之前是无法进行实际考察的，但是利用 BIM 技术对建筑物的各方面性能进行模拟分析，得到的数据则是较为可靠的。

4.8.1　建筑日照模拟分析

建筑物的日照和采光已经成为建筑布局和规划的一个重要内容。目前全国很多城市和地区颁布了关于建筑规划日照的地方法规和审查方法，要求新开发的项目在规划的初期阶段，建筑物的布局必须考虑日照问题。

对于旅馆建筑来说，目前虽然没有明确的日照要求，但对于有条件的旅馆建筑，设计上如果能满足良好的日照条件，对于使用者来说无疑是提高了居住的舒适性。从绿色节能的角度考虑，建筑物良好的朝向也可以大大降低建筑物的能耗，对全面优化建筑设计有重要的意义。同时，利用日照模拟分析还能够分析出拟建建筑对周边原有建筑的日照影响，对场地内的规划布局和可行性研究有着重要的指导意义。

建筑日照分析需综合气候区域、有效时间、建筑形态、日照法规等多种复杂因素，手工几乎无法计算，因此实践中常常采用简单的估算法。运用 BIM 技术建模，利用专业分析软件可以为建筑规划布局提供日照分析工具、绿色建筑指标及太阳能利用模块，包含丰富的定量分析手段、直观的可视化日照仿真及多种彩图展示，并通过共享模型技术解决日照分析、绿色建筑指标分析、太阳能计算等问题（图 4.8.1）。

4.8.2　建筑采光模拟分析

采光分析作为绿色建筑的一项重要手段，不仅涉及建筑节能，同时也是建筑舒适度的体现。

利用 BIM 技术进行采光模拟分析，将模型导入专业采光分析软件，可以根据《绿色建筑评价标准》GB/T 50378—2019 和《建筑采光设计标准》GB 50033—2013 的动态采光指标，自动分析建筑的采光品质，帮助设计师判断建筑的采光是否满足标准的要求。在高校建筑相关专业的各类建筑设计教学中，采光分析软件作为教学工具，也可以帮助学生更全面、更深刻地认识采光品质（图 4.8.2）。

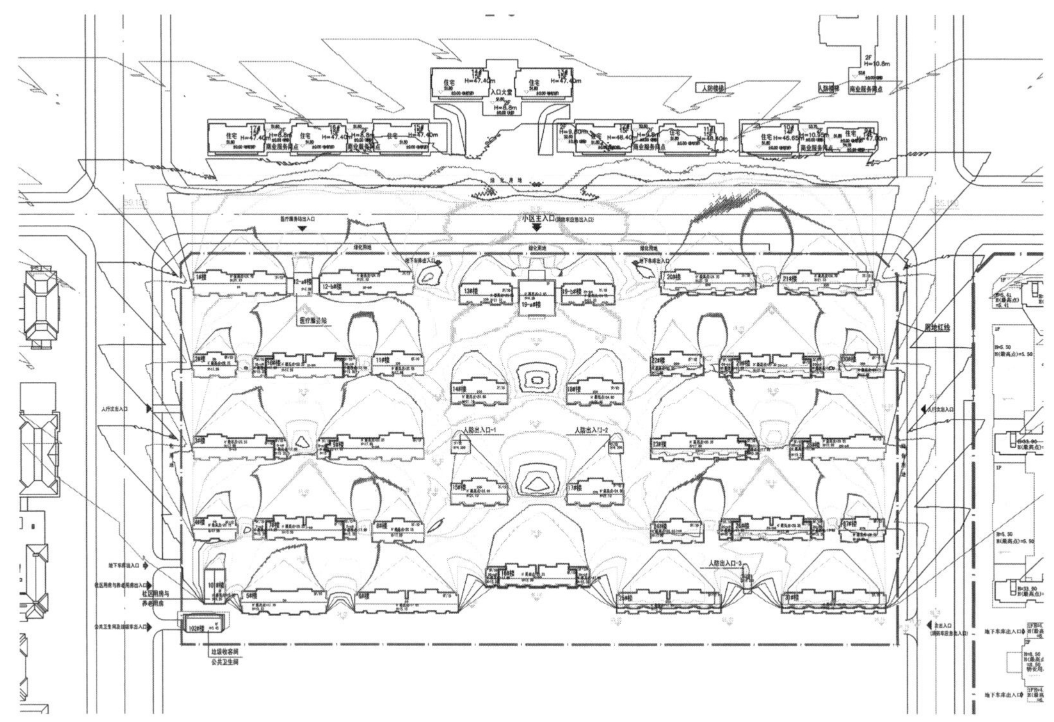

图 4.8.1 日照模拟分析图（图片来源：工程实践案例）

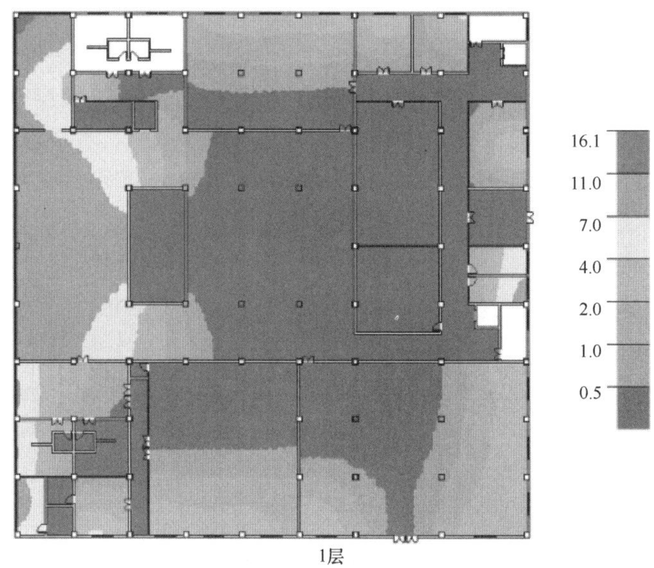

图 4.8.2 采光效果分析彩图（图片来源：学生竞赛作品）

4.8.3 建筑风环境模拟分析

在建筑的规划与设计过程中，建筑周围的风环境以及建筑物室内风环境也是建筑布局和规划的一个重要内容。国家颁布的绿色建筑评价标准和各省市、地方公布的与绿色建筑相关的标准规范，都对建筑规划布局中营造良好的风环境、保证舒适的室外活动空间和良好的室内自然通风条件提出了要求，同时对建筑物周围人行区的风速和风速放大系数提出了量化要求，对室内风环境的要求也提出应有利于自然通风的要求。在乡镇旅馆建筑设计中，无论是场地的总体规划，还是建筑的单体设计，甚至是细节上的构造设计，都应该将建筑的自然通风设计贯穿到整个设计之中。

建筑通风的模拟计算极其复杂，涉及流体力学的数学和物理应用，运用通风模拟软件可以大大简化模拟过程，效率更高，结果更准确。在建筑 BIM 模型的基础上，可直接导入专业软件进行模拟计算，根据计算结果指导设计优化，调整建筑物朝向、开窗面积、洞口位置等，实现舒适的室内通风环境。同时对建筑物周边室外风环境进行模拟，调整场地内建筑物布局，营造舒适的室外风环境（图 4.8.3～图 4.8.8）。

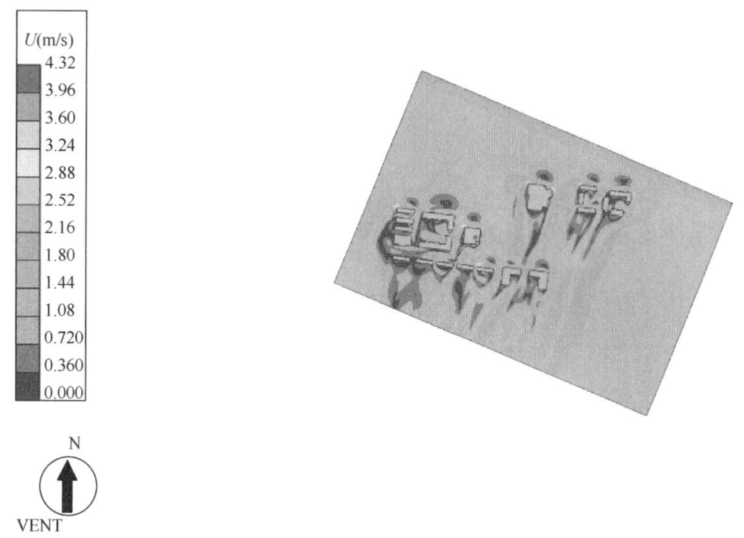

图 4.8.3　计算域内一1.5m 高度水平面风速云图-冬季（图片来源：学生竞赛作品）

图 4.8.4　计算域内一1.5m 高度水平面风速云图-夏季（图片来源：学生竞赛作品）

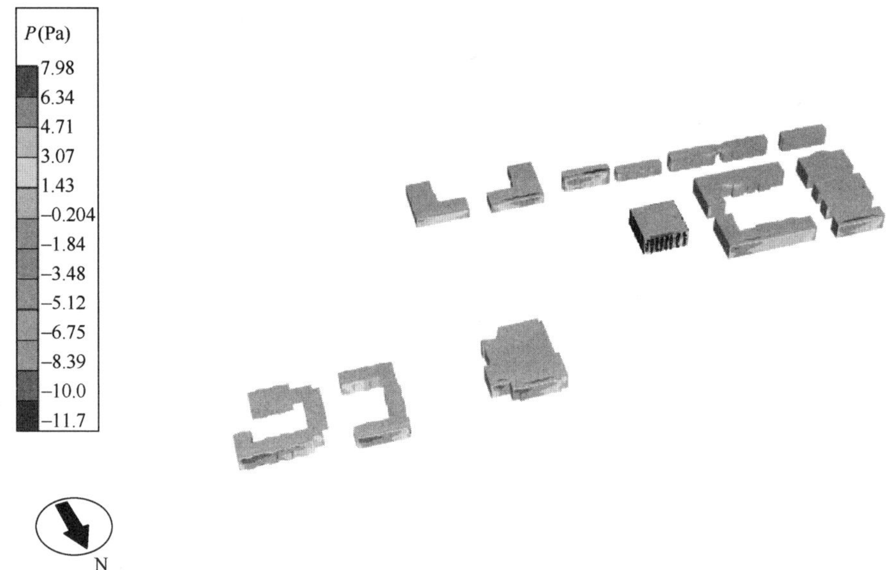

图 4.8.5 建筑迎风面风压云图（图片来源：学生竞赛作品）

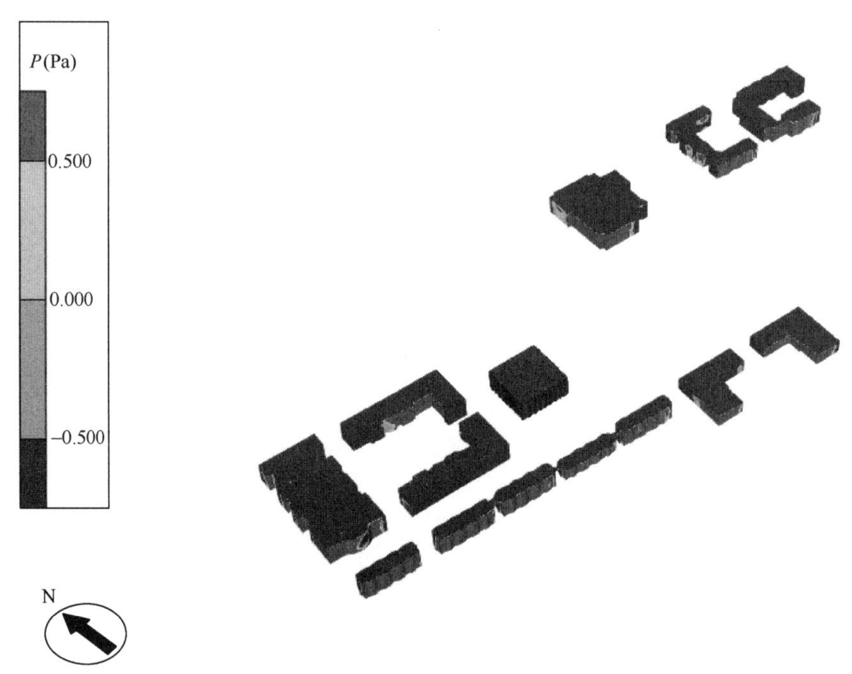

图 4.8.6 建筑迎风面外窗表面风压云图-夏季（图片来源：学生竞赛作品）

4.8.4 建筑热环境模拟分析

建筑热环境设计的目标是利用最少的能源提供最舒适和最健康的环境。建筑的存在将人生活的环境划分为室外热环境和室内热环境。室外热环境是室外气候的组成部分，是建筑设计的依据，设计师的任务就是要进行适当的建筑设计，通过调节室外热环境来满足不

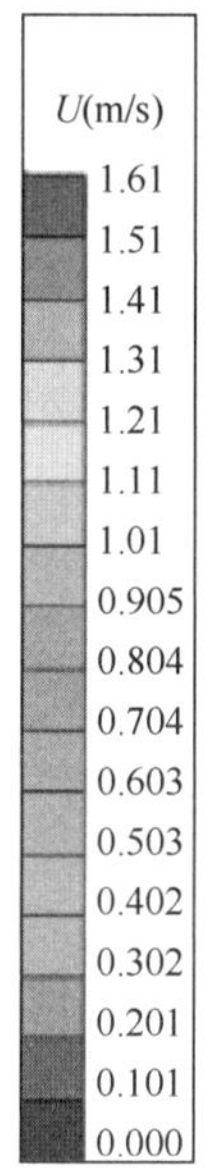

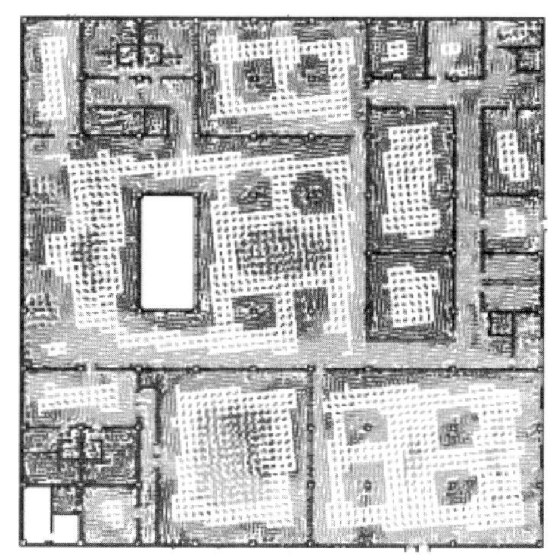

图 4.8.7　室内风速矢量图（图片来源：学生竞赛作品）

图 4.8.8　室内风速流线图（图片来源：学生竞赛作品）

同的室内热舒适性的要求。这对提高城镇居民的生活环境质量、有效降低能源消耗有着十分重大的意义。

BIM 软件强大的分析能力，可以将建筑物自身的三维数据与外部数据进行收集与分析，对建筑物与外部环境之间的热能、风能等一系列能量传递进行模拟，从而为改善和提高建筑室内外环境质量、降低建筑能耗和污染物排放提供有效数据，实现设计优化。

在乡镇旅馆方案设计前期，可以计算太阳辐射所带来的建筑整体结构的导热对建筑全年所需要的暖通空调设备的能耗，依据模拟计算的结果，优化设计方案，确定设备选型。在模拟计算的过程中，通过对建筑的各项参数（环境参数、能耗参数、人体生理参数）以及人体热感觉等主观感受的网络化信息监测和分析，研究人体热感觉和热舒适在建筑动态热环境下的适应性，同时探索人体热感觉和热舒适与建筑室内外热环境、建筑能耗的相关性等基础问题。

4.8.5 建筑声环境模拟分析

乡镇旅馆作为综合性的公共建筑，舒适的休息环境和丰富的娱乐设施都是设计中需要考虑的。因此，建筑隔声设计和室外噪声分析也就成了乡镇旅馆建筑设计必须面对的课题。在设计的过程中，可以借助建筑声环境分析软件，结合《民用建筑隔声设计规范》GB 50118—2010、《声环境质量标准》GB 3096—2008、《绿色建筑评价标准》GB/T 50378—2019等相关规定，进行建筑室内噪声级计算、室外噪声计算以及构件的隔声性能计算，用于分析建筑设计在声环境方面的合理性，指导和优化建筑设计。通过不同建筑材料的隔声性能对比，同时利用绿植等作为天然的隔声屏障，降低室外噪声对室内环境的影响，提高室内的使用舒适度，优化建筑设计。

4.9 绿色建筑技术在乡镇旅馆设计中的应用

将绿色低碳理念积极纳入建筑类高校学科专业教育中来，广泛开展绿色低碳教育和系列实践活动，可以增强大学生绿色低碳意识，积极引导全社会开启绿色低碳生活方式，也是推进高等教育高质量体系建设、加强新时代各类人才培养的新要求。

在乡镇旅馆设计课程中引入建筑节能设计的相关内容，运用节能设计软件进行能耗计算，通过学习设置热工模型的计算参数，计算热工模型的体形系数、窗墙比、围护结构热工性能等参数，确定建筑围护结构的构造层次。并按选定的节能标准对设计建筑进行节能分析，计算建筑物的能耗；给出设计建筑满足规定性指标或综合权衡性能指标的结论。节能计算得出的结论和数据，用以完成建筑设计说明中关于节能设计专篇的内容。

1. 建筑节能计算

建筑节能计算是建筑设计必不可少的重要环节，通过节能计算，可以确定设计建筑围护结构的保温性能，提高室内舒适度，有效降低能源消耗。建筑节能最初在发达国家是为了减少建筑中的能量损失，现在更提倡合理使用能源，也就是在保证建筑舒适性的前提下，尽量提高建筑中的能源利用率。

对于乡镇旅馆建筑设计，由于资金、材料、技术等方面的限制，建筑节能技术的应用处于相对滞后的状态。针对这一实际状况，在进行乡镇旅馆建筑设计的过程中应当充分运用新材料、新技术来完善建筑围护结构的热工性能，在建筑设计前期，充分运用节能设计软件对场地规划布局及建筑方案设计进行多方面的模拟分析，通过对计算数据的分析，及时调整建筑朝向、体形系数、窗墙比例，优化建筑材料、采暖方式、遮阳形式、通风系统等，实现提高建筑物保温隔热性能、充分利用可再生能源、降低建筑物使用能耗的绿色节能目标。

具体的建筑规划和设计过程包括以下技术手段和设计要点：

（1）借助绿色建筑相关软件进行模拟分析，如日照模拟分析、采光模拟分析、通风模拟分析、热环境模拟分析等。

（2）根据建筑物所处的地理位置和气候条件，充分利用自然环境和被动式手段，创造良好的建筑室内外微气候，减少建筑设备的使用。如结合地形条件充分利用自然采光，结合外界气流条件合理利用自然通风，收集雨水形成湖泊和水池，加大绿化面积等。

（3）建筑物的选址要经过充分的分析，并采取合理的外部环境设计。如可以通过在建筑周围种植树木、布设围墙、建造假山等降低环境噪声对建筑的影响。

（4）合理设计建筑物的形体，主要通过合理组织建筑内部空间和建筑各部分的构造来实现，同时也包括合理确定建筑整体体量和建筑物的朝向，这是充分利用建筑室外微环境来改善建筑室内微环境的关键。

值得一提的是，与传统设计相比，BIM 正向设计不再是在建筑设计完成之后才进行建筑性能分析，而是在设计的初期就利用三维模型强大的兼容性进行各项模拟分析，针对分析结果实时调整各项参数，优化建筑设计，避免反复修改，大大提高设计效率，同时也提高设计项目的整体质量。

建筑节能设计有关参数的控制：

（1）首先，对节能计算结果起决定性影响的是建筑体形系数。建筑体形系数指的是建筑物与室外大气接触的外表面积与其所包围的体积的比值。这是《民用建筑节能设计标准》JGJ 26—1995 中给出的定义。我们可以理解为建筑体形系数实质上就是单位建筑体积所分摊到的外表面积。因此，单层和低矮的建筑，其体积较小，如果建筑体形再比较复杂，其表面积就会更大，导致其体形系数往往较大，对节能十分不利；而多层和高层建筑，其体积较大，如果其建筑形体控制得较为简单，其体形系数就会较小，这样的建筑对节能更为有利。

（2）其次，窗墙比的数值对节能计算结果影响也比较大。所谓窗墙比指某一朝向的外窗（包括透明幕墙）总面积，与同朝向墙面总面积（包括窗面积在内）之比。窗墙比的具体数值受多方面因素影响，例如日照情况、气温、气候、建筑朝向以及开窗面积与建筑能耗等诸多因素。通常情况下，普通外窗和外门的透明部分，其保温隔热性能要比外墙差很多，因此窗墙面积比越大，建筑的保温隔热性能就越差，供暖和空调能耗也就越大。从这一方面来说，要想降低建筑物的能耗，就必须对窗墙面积比进行合理的控制。与此同时，还应该选择节能性能好、密封性能好的门窗，尽量降低建筑物通过透明玻璃产生的能量传递。

（3）再次，遮阳系数对建筑节能的影响也不容小觑。所谓遮阳系数，指的是实际通过玻璃的热量与通过厚度为 3mm 厚标准玻璃的热量的比值。简单理解就是玻璃遮挡或抵御太阳光的能力。遮阳系数越小，阻挡太阳辐射向室内传输热量的性能就越好。玻璃的性能与参数对遮阳系数的大小产生直接的影响。普通玻璃的遮阳系数往往较高，为了达到节能目的，常对玻璃表面进行加工，比如通过镀膜制成的热反射玻璃、低辐射玻璃等，可以大大减少热辐射通过玻璃的能量传递。

2. 建筑能耗分析

建筑能耗有广义和狭义之分。广义的建筑能耗，指的是从建筑材料的制造生产、运输、建造施工，直到建筑使用过程中的全部能耗；狭义的建筑能耗，即建筑的运行能耗，也就是建筑物日常使用过程中的用能，如照明、供暖、空调、烹饪、清洗等所消耗的能源。狭义的建筑能耗是建筑能耗中的主导部分。

建筑能耗分析包括设计阶段的能耗分析和使用阶段的能耗分析。在建筑设计阶段，可以借助能耗分析软件，通过模拟分析的方式对设计建筑进行能耗分析，根据模拟分析的数据改进建筑设计，例如调整建筑物的朝向和建筑体形，选择高性能的建筑材料，提高建筑外围护结构的保温隔热性能，优化建筑的供暖通风形式等，最终实现低能耗的建筑设计。在建筑物的使用阶段，可以利用能源管理平台，通过在各种建筑设备上安装多功能计量仪表，例如在各用能现场安装水表、气表、电表等各类仪表，经网关采用无线或有线的方式将采集的仪表数据上传至管理平台的服务器上，并将数据进行集中存储、统一管理。管理人员可通过 PC、PAD、手机等各类终端设备访问数据、接收告警信息，方便管理者及时知晓各个点位的用能情况，及时管控和调整各个点位。

3. 建筑碳排放分析

我国在建筑业实现碳中和的主要路径有提升建筑寿命、减少“大拆大建”、加大绿化面积、建立低碳结构体系、发展绿色建材、进一步提高建筑运行节能水平、推广可再生能源的应用和提升电气化水平、摆脱化石燃料依赖等。

为了贯彻国家有关应对气候变化和节能减排的方针政策，《建筑碳排放计算标准》GB/T 51366—2019 已经发布实施，适用于新建、改建和扩建的民用建筑的运行、建造拆除、建材生产运输的碳排放计算。2022 年，新的国家标准《建筑节能与可再生能源利用通用规范》GB 55015—2021 生效，该规范明确规定了新建、改建、扩建建筑的节能设计应进行建筑碳排放分析并出具报告。

建筑碳排放计算软件可以对建筑物进行全生命周期的碳排放计算分析，可直接使用绿建、节能设计成果，快速计算项目碳排放量与减排量。

4.10 BIM 设计表达在乡镇旅馆设计中的应用

4.10.1 三维效果展示

BIM 三维可视技术，是将原有的建筑二维平面线条的表达形式，转变为仿真的三维立体模型。这种三维可视技术，可以将建筑的功能特性和组织构架采用更为直观便捷的形式表现出来，使除设计师以外的其他人群可以清楚全面地把握建筑的相关信息（图 4.10.1、图 4.10.2）。

在 BIM 建筑信息模型中，建筑全生命周期的整个过程都可以实现可视化。对于乡镇

图 4.10.1　学生 BIM 模型室外渲染效果

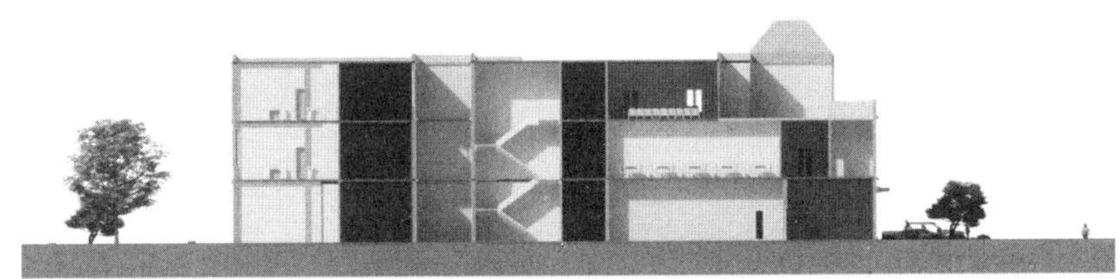

图 4.10.2　学生 BIM 模型剖面渲染效果

旅馆建筑设计，在建筑设计阶段，BIM 技术的三维效果展示可以通过虚拟仿真漫游、VR/AR 技术等多种技术手段来实现。

虚拟仿真漫游技术，是利用 BIM 软件模拟建筑物的三维空间，除了像传统的建筑效果图一样可以直观地展示建筑外观效果外，利用 BIM 软件模拟建筑物的三维空间，采用动画漫游的形式，以人视角度游览整个园区，并走进建筑物内部，体验建筑建成以后的体量感，为体验者提供身临其境的视觉和空间感受，直观向体验者展示项目建设效果(图 4.10.3)。

图 4.10.3　学生 BIM 模型室内渲染效果

同时，在设计纠错方面，动画漫游也体现了强大的功能性。通过动画漫游的形式及时发现不易察觉的设计问题或缺陷，减少由于设计不周全而造成的损失，有利于设计与管理人员对设计方案进行辅助设计与方案评审，提高设计的准确性。例如建筑门窗洞口与结构构件的冲突情况、设备管线之间的碰撞检查、门窗开启后对人员通行和疏散的影响情况等，都可以通过人视角度漫游来模拟体验，发现问题可以准确定位到设计图纸中，实现实时、同步修改设计。

VR/AR 技术更增强了体验者的互动性，模拟身临其境的视觉效果。体验者可以自主地选择游览的路线和方向，甚至可以伸手触碰模拟的景物，选择设置好的信息节点来查阅模型的详细信息，这些都大大增强了体验者的体验感受和互动的愉悦性，无论是项目方案阶段的效果展示，还是项目建成以后的宣传展示，都是非常好的手段。

4.10.2 多方案比选

在规划方案阶段，参数驱动的特性可使 BIM 概念规划体量模型比较自由地实现形体变形控制，方便设计师将不同的方案直观地表达出来。将这些不同的规划方案导入各类分析软件中进行模拟计算，通过设定参数就可以得到分析结果。设计师可以根据软件分析出来的数据进行方案的比选与调整。BIM 的三维可视化建模特点以及与三维分析软件便利的数据转换接口，使得多种方案比较和最终方案的优化成为可能。在建筑设计阶段由于 BIM 模型具有参数驱动的性质，可以方便地导出分析模拟所需要的模型，分析后可以根据分析结果及时反馈到 BIM 建筑模型上，进而重新调整优化建筑方案，然后进入下一个分析循环中。

在方案设计的前期阶段，建立方案 BIM 模型后，可利用 BIM 模型从结构、机电等专业的角度提出建议和要求，初步分析项目可采用的结构形式、机电设备参数等，并为后续设计提供参考。通过方案的局部调整，可以形成多个方案模型，以便进行方案比选，使项目方案的沟通讨论和决策得以在可视化的三维仿真场景下进行。

4.10.3 可视化分析

BIM 模型的可视化不仅包含了拟建建筑的外观造型或内在结构以及建筑材料等信息，还包含了建筑的物理、几何等可视化所需要的信息。BIM 的可视化分析有助于空间关系解析、跨专业理解、设计优化、设计缺陷早发现、简化沟通等。

BIM 的可视化分析可以方便地发现和处理碰撞问题，生成各专业协调数据，优化建筑设计（图 4.10.4）。

乡镇旅馆建筑属于多功能性的公共建筑，提供住宿、餐饮、娱乐、会议等多项服务，在空间布局和设备管线布置上都相对复杂。利用 BIM 的可视化分析功能，可直观、准确地进行管线综合排布、室内净高分析、设备机房优化等。例如，利用 BIM 可视化技术可以对设备间内的设备进行排布，并对空间利用的合理性进行判断。通过 BIM 模型的可视化，可以验证设备排布是否合理，若不合理可以对设备、管道等进行优化调整，最终满足设计和使用需求。

BIM 模型不仅包括了工程对象的三维几何信息，还可包括更多更完整的工程信息，

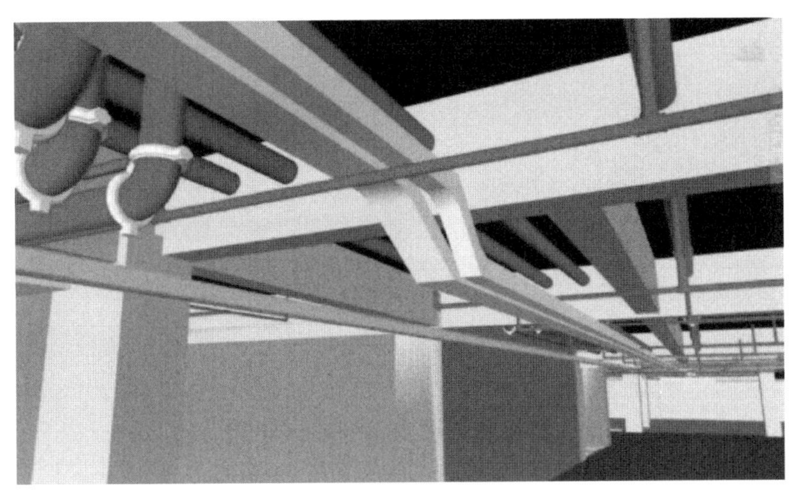

图 4.10.4　工程案例管线综合效果

如对象名称、结构类型、组成材料、构件性能等设计信息，施工工序、进度、成本、质量以及人力、机械、材料资源等施工信息，工程安全性能、材料耐久性能等维护信息，对象之间的工程逻辑关系等。通过 BIM 技术建立的信息模型，不同对象均可在 BIM 系列软件中相互转化、相互识别并关联操作。若模型中的某个对象被改变，与之关联的所有对象都会随之更新。另外，系统还能对模型携带的信息进行统计、分析，生成相应的文档归纳总结。在建筑全生命周期的各个阶段，BIM 信息模型能够自动演化，模型对象在不同阶段可根据实际情况简单进行修改和扩展，而无需重新创建，从而减少了信息不一致等错误，保障了模型对象信息的一致性。

以上特性使得 BIM 可视化技术打破了传统的工作模式，通过集成的数据模型，BIM 可视化技术提供了更好的交互协同能力，促进了项目实施过程中的信息共享与传递，满足新时代背景下建筑全生命周期信息管理的要求。

参 考 文 献

［1］ 世界范围内民宿内涵的演变及对我国民宿发展的启示．

［2］ 基于法国经验的乡村民宿转型升级研究：以陕西关中地区为例．新华网.

［3］ 中国标准化研究院．中国标准化研究院关于对《农村电子商务服务站（点）服务与管理规范》等两项国家标准征求意见的函．

［4］ 龚美丽．城市遗产视角下当代西安旅馆建筑研究［D］．西安：西安建筑科技大学．

［5］ 何格，改革开放后中国旅馆建筑的本土化创作研究（1979—1999）．重庆：重庆大学．

［6］ 唐玉恩，张皆正．旅馆建筑设计［M］．北京：中国建筑工业出版社，1993.

［7］ 周薇．生态低技术在乡村住宅中的应用研究：以重庆兴田村巴渝民宿为例［J］．智能建筑与智慧城市，2020（2）：28-30. DOI：10.13655/j.cnki.ibci.2020.02.008.

［8］ 郑浩．乡土建筑“在地性”设计策略下的乡村建设实践解读：以黄声远与“田中央”团队的宜兰在地实践为例［J］．居舍，2021（29）：97-98.

［9］ 乡村旅游背景下湖南乡镇民宿设计策略研究．

［10］ 旅馆建筑设计规范 JGJ 62—2014. 北京：中国建筑工业出版社，2015.

［11］ 中国中建设计集团有限公司，天津大学建筑学院．建筑设计资料集（第三版） 第五分册 休闲娱乐·餐饮·旅馆·商业［M］．北京：中国建筑工业出版社，2017.